JN260661

島弧火山と大陸地殻

柳 哮［著］

九州大学出版会

まえがき

　大陸地殻の起源には2つの側面がある．1つはプレートの沈み込みに伴って大陸周辺に堆積物が付加し，島弧や大陸が衝突し，それによって大陸が成長し，大陸を横切る大山脈の形成に至る地殻変動の過程である．もう1つは，マントルから大陸地殻が分離・生成する過程である．ここでは後者，すなわち「なぜ地球には大陸地殻ができるのか」という問いに対する1つの体系的な解答を紹介しようと思う．

　大陸地殻ができる仕組みを考える手掛かりは，上部大陸地殻の化学組成にあった．岩石構成が複雑であるにもかかわらず，上部大陸地殻の化学組成は大陸によらず，時代を超えて一定している．なぜ一定になるのか，一定になるべき理由を考えることで，島弧火山の構造と機能の解明を進めることができた．そのわけは島弧火山の地下で大陸地殻ができているからである．本書はそこへ到達した道筋を紹介するものである．

　第1章から第3章までは導入部．第1章では大陸地殻ができる場所について，第2章では大陸地殻およびそれを供給した始原マントルの化学組成について，第3章では大陸地殻の形成にかかわる火成岩岩石学の研究史について簡単に解説する．第4章から第7章では研究の具体的展開に沿って大陸地殻形成の過程を紹介する．第8章ではその過程を西南日本の地質へ適用し，地帯配列の説明を試み，現在の島弧地形と白亜紀の島弧地質との対応を示す．第9章では地球での例を参考に，月や地球型惑星での大陸地殻形成の可能性を検討する．

　大陸地殻の起源について首尾一貫した考えの構築は未だ道半ばである．未

完成ながらもここへ至る経過を紹介することで，今後の発展への手掛かりを示すことができればと願った．それが少しでもできていれば，著者の大きな喜びである．

2008 年 8 月

柳　　哮

目　次

まえがき ……………………………………………………………………… i

第1章　大陸地殻と花崗岩 ……………………………………………… 1
  1.1. 大陸地殻の成長 …………………………………………………… 1
  1.2. 造山運動と大陸地殻 ……………………………………………… 2
  1.3. 成長論と定常論 …………………………………………………… 3
  1.4. 大陸の成長と分裂 ………………………………………………… 4

第2章　大陸地殻と始原マントルの化学組成 ………………………… 7
  2.1. 大 陸 地 殻 ………………………………………………………… 7
  2.2. 大陸地殻の化学組成 ……………………………………………… 8
  2.3. 始原マントルの化学組成 ………………………………………… 11
  2.4. 大陸地殻を作るに必要な始原マントルの最少量 ……………… 13

第3章　Bowen系列のマグマの起源 …………………………………… 15
  3.1. Bowen系列のマグマ ……………………………………………… 15
  3.2. マントルかんらん岩の部分溶融 ………………………………… 19

第 4 章　大陸地殻を作る仕組みの探索 ···················· 23
 4.1.　3 つの制約条件 ···················· 23
 4.2.　微量成分の利点 ···················· 26
 4.3.　島弧マントルの部分溶融 ···················· 27
 4.4.　マグマの分別結晶作用 ···················· 29
 4.5.　玄武岩地殻の部分溶融 ···················· 30
 4.6.　マグマ供給の続くマグマ溜りでの結晶作用 ···················· 32
 4.7.　集積岩のマントルへの搬出 ···················· 36

第 5 章　島弧火山のマグマの組成変化の仕組み ···················· 37
 5.1.　繰り返しマグマの供給があるマグマ溜り ···················· 37
 5.2.　火山岩の進化の上限と上部大陸地殻の組成 ···················· 44

第 6 章　島弧火山のマグマ溜りの構造と作動 ···················· 49
 6.1.　地殻の中の開放系マグマ溜り ···················· 49
 6.2.　上下組になったマグマ溜り形成の必然性 ···················· 60
 6.3.　下部地殻の同化とマグマの組成変化経路 ···················· 61
 6.4.　火山岩に見る下部地殻の同化 ···················· 62

第 7 章　島弧火山岩と上部大陸地殻 ···················· 65
 7.1.　液相濃縮微量元素組成の進化 ···················· 65
 7.2.　主成分組成の進化 ···················· 69
 7.3.　水分の働き ···················· 86

第 8 章　火山弧と外弧 ···················· 89
 8.1.　火山岩を伴う花崗岩と伴わない花崗岩 ···················· 89

8.2. 島弧の構成……………………………………………… 89
8.3. 地形の異なる2種類の島弧…………………………… 91
8.4. 火山弧のマグマ溜りと外弧のマグマ溜り…………… 95
8.5. マグマ溜り形成の二者択一性………………………… 96
8.6. 白亜紀の西南日本……………………………………… 97

第9章　月および地球型惑星の地殻 …………………………… 101
8.1. 月 ………………………………………………………… 101
9.2. 地球型惑星……………………………………………… 103
9.3. 比較惑星学……………………………………………… 110

引用文献……………………………………………………… 113
あとがき……………………………………………………… 121

第 1 章　大陸地殻と花崗岩

1.1.　大陸地殻の成長

　大陸地殻の起源を考えるにあたって，まず地球の歴史の中で大陸地殻がどうできてきたか見てみることにしよう．

　地球上で最古の岩石は大陸地殻を代表する岩片で，カナダ北西部の Acasta 片麻岩の中にあり，年代は 40.3 億年（Bowring and Williams, 1999）である．鉱物だと，さらに古いものがある．ジルコンと呼ばれ，年代は 44 億年（Wilde *et al.*, 2001）．45 億年前の地球誕生の 1 億年後にできたらしい．西オーストラリア Yilgarn 剛塊の 30 億年前の礫岩から取り出した 200 個のジルコンの中に，1 個発見された．43〜41 億年代のものはそこから多数発見されている．いずれもウランを多量に含んでいて，もともとはカリウムに富んだ花崗岩マグマから結晶したと見られる．しかし，そのような岩石は今はない．激しい隕石の落下で破壊され，またプレートと共にマントルへ沈み込んでしまったようである．

　40 億年より古いジルコンは西オーストラリアに限られるが，40〜38 億年代のものは北米大陸のほか，東アジア，南極大陸でも確認された．岩石も西グリーンランド南岸に，Amitsoq 片麻岩が古くから知られている．年代は 39〜36 億年（Nutman *et al.*, 1996）である．ずっと下って 25 億年代頃になると大陸地殻の面積は広大となり，現在の総面積の 1/2 を超えるともみられている．花崗岩や片麻岩で代表される大陸地殻は，地球の誕生直後にはなく成長

してきたと見られる.

1.2. 造山運動と大陸地殻

その大陸地殻はどこでできるのであろうか.島弧地殻を見てみると,玄武岩質海洋地殻から大陸地殻へ至る変化が認められるから,島弧でできているように思える.海洋プレートに別の海洋プレートが沈み込んでできる島弧を見れば分かるはずである.アリューシャン列島は,北米プレートの海洋部の下に太平洋プレートが約5,000万年前に沈み込み始めてできた島弧である.地殻は25～30 kmと厚いが,しかし,P波速度はどの深さでも大陸地殻の標準的値を超えていて,玄武岩質である (Holbrook et al., 1999).他方,伊豆・小笠原列島は,フィリピン海プレートの下に太平洋プレートが同じく約5,000万年前に沈み込み始めてできた島弧で,地殻は20～22 kmと薄いが,その地殻には,地震波で花崗岩質層が確認されている (Suehiro et al., 1996).大陸地殻の起源を示す重要な事実である.日本列島は過去約3億年間にわたって成長し続けてきた島弧で,地殻は32～35 km (Zhao et al., 1992) と厚く,表層は花崗岩,変成岩,堆積岩付加体と安山岩質火山岩で構成されている.地震波構造も表層地質も典型的な大陸地殻の特徴を備えている.

大陸地殻が島弧でできるのであれば,島弧がどう残るか調べれば地質時代にできた所が分かるはずである.島弧や陸弧は海洋プレートの沈み込みに伴ってできるわけだが,そこで起こる堆積物の付加や大陸の衝突,変成・火成作用などの過程を包括する概念があって,それを造山運動と呼んでいる.コルディレラやヒマラヤのような大山脈ができるからである.山脈は造山帯として特徴的な岩石の配列を持っているから,侵食されて高度を失っても地質時代のものを認識できる.調べてみると大陸は造山帯の集合であることが分かる.39～36億年前の西グリーンランド南部の地質も,その1つとして理解できる (Nutman et al., 1996; Komiya et al., 1999).造山運動は地球誕生の後の間もない頃から作用し続けてきたらしい.

大陸地殻を特徴付ける物質は花崗岩と,花崗岩質の堆積岩と変成岩である

（花崗岩は一般的には石英と長石に富む岩石種を総称する用語．岩石種としての花崗岩は花崗岩（狭義）と表記する）．堆積岩と変成岩はもともと起源が大陸にあるから，新たにできても大陸地殻の総量が増加するわけではない．他方，花崗岩と火山岩はもともと起源がマントルにあるわけだから，新たに加わることで大陸地殻の総量は増加する．大陸の花崗岩の年代を調べてみると，それが大量に付加した時代とそうでない時代があることが分かる．日本列島に限ってみても花崗岩の年代は特定の時代に限られている．花崗岩の付加は偶発的に起こってきたと見られる．

1.3. 成長論と定常論

さらに複雑な事情がある．花崗岩の全てがマントル起源であれば単純だが，そうではなく変成岩に含まれるものがあるからである．そのような花崗岩は変成作用の温度が高くなり岩石が溶けてできるわけだが，この種の花崗岩は大陸地殻の成長には寄与しないから，マントル起源のものと区別する必要がある．ところが，化学組成は同じだからどう区別するか問題となる．それに最初に答えたのはマサチューセッツ工科大学のグループ（Hurley $et\ al.$, 1962）で，彼らの論旨を次に説明しよう．

^{87}Rb は ^{87}Sr に放射崩壊するから，ルビジウムを含む岩石の ^{87}Sr/^{86}Sr 比は，Rb/Sr 比と時間に依存して増加する．Rb/Sr 比はマントルで約 0.02，変成岩で約 1 だから，変成岩の ^{87}Sr/^{86}Sr 比はマントルの約 50 倍の速さで増加する．だから，花崗岩ができた時の ^{87}Sr/^{86}Sr 比はマントル起源のもので低く，変成岩由来のもので高いはずである．マントルの ^{87}Sr/^{86}Sr 比の現在値は海洋島や海嶺の玄武岩から 0.702〜0.705 と分かる．地球誕生時の値は隕石鉱物から決まる．それを使うとマントルの ^{87}Sr/^{86}Sr 比は，45 億年前の 0.699 から現在の 0.702〜0.705 へ成長してきたことになる．測定の結果，多くの花崗岩の初期比は，マントルの値の範囲あるいはその近くにあることを彼らは発見した．その発見に基づいて大陸地殻は成長してきたと主張した．

それでは大陸地殻は成長し続けてきたかというと，そうではないらしい．

かつて Hurley and Rund (1969) は岩石の年代を全地球的に整理して，若いものほど分布面積が広いことに気付き，大陸地殻の成長速度は加速してきていると考えた．それに対して Armstrong and Hein (1973) は，古いほど衝突や侵食で消滅する機会に永く曝されてきている一方，造山帯では新たにでき続けてきているわけだから，若いほど面積が広いのは当然で，それは加速度的成長を意味するわけではないと主張している．さらに全地球的には，年1～3 km^3 の堆積物がプレートの沈み込みに伴ってマントルへ戻っているとみられるが，この値は大陸地殻が島弧でできている量にほぼ匹敵するので，大陸地殻の総量は一定であるに違いないと主張している．また，マントル起源の花崗岩の $^{87}Sr/^{86}Sr$ 初期比についても問題があって，始原マントルから新たにできたのか，枯渇マントルに堆積岩が混合してできる混成マントルからできたのか区別は付かないから，$^{87}Sr/^{86}Sr$ 比で花崗岩のマントル起源を立証しても，それでは大陸地殻の総量の増加は言えないと主張している．大陸地殻の総量は単純に増加してきているわけではなく，マントルからの生成とマントルへの還流との拮抗で決まっているようである．

1.4. 大陸の成長と分裂

　大陸地殻の生成が今の大陸とどう結びついているかみておくことも必要だろう．ゴンドワナ大陸から分離したインド大陸は，1億2,000万年前頃から北に向かって移動し，結局はユーラシア大陸と衝突した．平と田代 (Taira and Tashiro, 1987) のまとめによると，古生代末から今日まで約3億年間，この種の衝突は繰り返し起こっていて（図1-1），インドの衝突はユーラシア大陸が今の姿へ成長する過程で起こった1事件である．シベリア剛塊の南側と東側に大陸塊や島弧が次々に衝突し堆積物が付加することで，今の東アジアの姿はできあがってきた．

　大陸塊や島弧，海台が衝突し堆積物が付加することで大陸は成長するという考えは，コルディレラ造山帯を調べる中で Coney et al. (1980) が最初に気付いたものである．古生代末に始まったプレートの沈み込みに伴って，北米

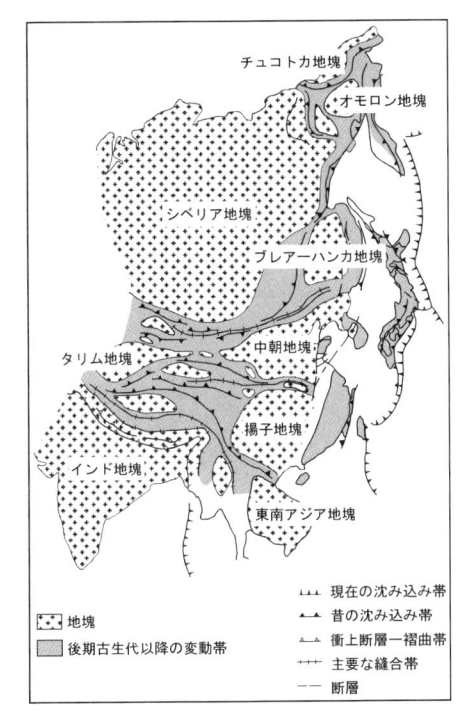

図1-1 後期古生代以降の付加と衝突による東アジアの成長

Taira and Tashiro (1987) を基に作成.

地塊の西縁に大小200にも及ぶ異地性岩塊が衝突してコルディレラ山脈は成長してきた．しかし，その成長は島弧や大陸塊の衝突と堆積物の付加によるだけではなく，激しい火成活動のためでもある．それはバハカルフォルニアからアラスカ州に断続的に続く幅100～300 km，延長5,500 kmにも達する花崗岩底盤の貫入である．同時代のものは東アジアにも貫入していて，華南から韓半島を経てシホテアリンに至っている．

　大陸塊などが衝突付加して超大陸ができる一方，例えば約1億7,000万年前に北アメリカがユーラシアから，約1億3,000万年前に南アメリカがアフリカから分かれ，大西洋が現れ拡大して今に至ったことで分かるように，超大陸は分裂し新たな海洋が広がることで，大小の大陸塊に分離してきた．超

大陸として確定したものは，ゴンドワナ，パンゲア，ロディニアである．さらに古い時代にも超大陸はあったようである．

　このように，大陸は成長と分裂を繰り返すとみられるが，本書では大陸の成長と大陸地殻の成長とを区別することにする．大陸の成長とは島弧や大陸塊の衝突，堆積物の付加，火成活動によってある大陸の面積が拡大すること，大陸地殻の成長とは，マントルから物質が付加することによって地球上の大陸地殻の総量が増加することである．

第 2 章　大陸地殻と始原マントルの化学組成

2.1. 大　陸　地　殻

　大陸地殻の起源を考えるに際し，まず大陸地殻の構成と組成，ならびにそれを供給した始原マントルの化学組成を押さえておこう．

　大陸地殻は五大陸の他，グリーンランドなどの島，日本などの成熟した島弧，セイシェル諸島などの海台を含み，総面積 $2.1 \times 10^8 \, km^2$ で，地球表面の 41.2 %（Cogley, 1984）を占める．質量は $2.09 \times 10^{22} \, kg$ でマントルの 0.52 %（Taylor and McLennan, 1985）に当たる．厚さは 14〜80 km で，平均は 41.1 km である（Christensen and Mooney, 1995）．

　大陸地殻は起源，組成，構造のいずれにおいても海洋地殻とは異なる．海洋地殻は 3 層（Raitt, 1963）からなる．第 1 層は表層の堆積物層，第 2 層は P 波速度 4.5〜5.6 km/秒の枕状溶岩から平行岩脈群へ至る厚さ 1.5〜2 km の層，第 3 層は P 波速度 6.5〜7 km/秒の厚さ 4.5〜5.0 km のはんれい岩層である．この下のハルツバージャイトとの境がモホである．これに対して大陸地殻は，P 波速度に基づいて 2〜4 層の成層構造を設定して認識される．ここでは Rudnick and Fountain（1995）の 4 層モデルについて説明しよう．第 1 層は 5.7 km/秒以下の堆積岩や火山岩で構成される層，第 2 層は 5.7〜6.4 km/秒の花崗岩や低変成度変成岩で構成される層，第 3 層は 6.4〜7.1 km/秒の玄武岩質集積岩と少量の泥質グラニュライトで構成される層である．第 4 層は 7.1〜7.6 km/秒の層で，薄いかまたは存在せず，多くの場合第 3 層の下に直

接マントルが接している．第2層と第3層は必ずある．両層の境界は楯状地，卓状地，中・新生代変動帯，成熟した島弧のいずれにおいても深さ20～28 kmにあって変わらない．堆積岩や変成岩の平均組成は共に花崗岩相当で，第1層と第2層を合わせて花崗岩質層を構成する．第3層は玄武岩質層で，厚さは9～21 kmの範囲で変化する．第2層は地震学的に透明で物性的に均質と推定され，第3層には多数の反射面が認められ，そこでは物性を異にする岩石が成層している．

2.2. 大陸地殻の化学組成

玄武岩からなる海洋地殻の化学組成（表2-1）は一様である．対して，多様な岩石で構成される大陸地殻の組成を決めるのは容易ではない．今日の意味での地殻の化学組成を最初に決めたのはPoldervaart (1955)で，彼は各種岩石の組成と，地震波速度構造に合う地殻の岩石構成から化学組成を算出した．この仕事はRonov and Yaroshevsky (1969)の仕事を経て，Wedepohl (1995)の報告につながっている（表2-2, 2-3）．それとは違ってカナダでは，複数の地域にグリッドを設定して試料を採取し，混合試料を作って分析

表2-1　海洋地殻の化学組成　　（組成は重量％表示）

	Taylor and McLennan (1985)	Condie (1997)
SiO_2	49.5	50.5
TiO_2	1.5	1.6
Al_2O_3	16.0	15.3
T.FeO	10.5	10.4
MgO	7.7	7.6
CaO	11.3	11.3
Na_2O	2.8	2.7
K_2O	0.15	0.2
合　計	99.45	99.6

T.FeO：全鉄をFeOと表示．

第2章 大陸地殻と始原マントルの化学組成

表2-2a 大陸地殻の表層並びに上部大陸地殻の化学組成 (単位は重量%)

	楯状地の結晶質地表	ウクライナ楯状地[1]	上部大陸地殻	カナダ楯状地結晶質地表	カナダ楯状地結晶質地表	上部大陸地殻	侵食を復元前上部大陸地殻[2]	侵食を復元後上部大陸地殻[2]	東中国中央部大陸地殻表層[3]
	Poldervaart (1955)	Ronov and Yaroshevsky (1969)	Ronov and Yaroshevsky (1969)	Fahrig and Eade (1968)	Shaw et al. (1986)	Taylor and McLennan (1985)	Condie (1993)	Condie (1993)	Gao et al. (1998)
SiO_2	66.4	66.0	65.2	66.1	66.71	66.0	66.86	67.80	67.81
TiO_2	0.6	0.6	0.6	0.5	0.53	0.5	0.64	0.59	0.67
Al_2O_3	15.5	15.3	15.6	16.1	15.03	15.2	15.26	15.11	14.14
Fe_2O_3	1.8	1.9	2.1	1.4	1.40				2.43
FeO	2.8	3.1	2.8	3.1	2.83	4.5	4.90	4.52	3.13
MnO	0.1	0.1	0.1	0.1	0.07	0.1			0.10
MgO	2.0	2.4	2.3	2.2	2.30	2.2	2.26	1.98	2.61
CaO	3.8	3.7	4.7	3.4	4.23	4.2	3.57	3.25	3.43
Na_2O	3.5	3.2	3.1	3.9	3.55	3.9	3.34	3.36	2.85
K_2O	3.3	3.5	3.3	2.9	3.18	3.4	3.01	3.26	2.67
P_2O_5	0.2	0.2	0.2	0.2	0.15		0.14	0.13	0.16
合計	100.0	100.0	100.0	99.9	99.98	100.0	99.98	100.00	100.00

1 ウクライナ-バルチック楯状地.
2 25～18億年前.
3 水,炭酸ガスを除いて計算.

表2-2b 代表的微量元素についての上部大陸地殻の化学組成

	上部大陸地殻	カナダ楯状地結晶質地表	侵食を復元前上部大陸地殻[1]	侵食を復元後上部大陸地殻[1]	上部大陸地殻	東中国中央部大陸地殻表層
	Taylor and McLennan (1985)	Shaw et al. (1986)	Condie (1993)	Condie (1993)	Wedepohl (1995)	Gao et al. (1998)
Rb (ppm)	112	110	92	99	110	85
Sr (ppm)	350	316	287	280	316	276
Y (ppm)	22	21	30	32	20.7	18
Zr (ppm)	190	237	174	180	237	195
Nb (ppm)	25	26	11.2	12.1	26	12
Cs (ppm)	3.70				5.80	3.67
Ba (ppm)	550	1,070	684	700	668	702
La (ppm)	30	32.3	28.8	30.9	32.3	36.0
Pb (ppm)	20	17	17	18	17	19
Th (ppm)	10.7	10.3	9.2	10.4	10.3	9.27
U (ppm)	2.8	2.45	2.40	2.6	2.5	1.61

1 25～18億年前の上部大陸地殻.

し，表層の化学組成（表2-2）を出している（Fahrig and Eade, 1968；Shaw et al., 1986）．中国でも混合試料を作って地質構造区ごとの化学組成（表2-2）を求めている（Gao et al., 1998）．混合試料に代わって，堆積物から大陸表層の化学組成を求める方法もある．河川で運ばれる時，水に難溶性の元素は砕屑物に含まれ，細粒の粒子は途中で分別されにくいから，頁岩の元素比は供給地の値であるはずである．例えばLa/Th比は大陸表層で2.8±0.2だから，頁岩にLaが30 ppmあると供給地のThは10.7 ppm，大陸表層のTh/U比3.8から供給地のUは2.8 ppm，さらに大陸表層のK/U比1.0×10^4から供給地のKは2.8％と決まる．Taylor and McLennan（1985）は，この方法で大陸表層の62の金属元素の存在率（表2-2）を決めている．侵食による組成変化の知識も必要だろう．Condie（1993）は，岩石の存在率が侵食で変わることに着目して侵食深度による変化を調べ，5～10 kmの侵食では有意な差が生じないことを確認している（表2-2）．

　化学組成を求めた地域の地質が花崗岩や変成岩が主であることと，地震波速度構造の第2層が花崗岩や低変成度変成岩と推定されることとを併せて考えると，これらの化学組成は第2層ないしは第1層と第2層を合わせた上部地殻の組成を代表するとみることができよう．

　下部地殻の組成の推定はさらに困難である．それを最初にしたのはPoldervaart（1955）で，下部地殻の地震波の速度を持つ玄武岩の平均組成を充てている．Ronov and Yaroshevsky（1969）についても同じである．これとは異なってTaylor and McLennan（1985）は，島弧安山岩の化学組成で大陸地殻の総組成は決まると考え，それと上部大陸地殻の組成，上下地殻の質量比から下部地殻の化学組成を決めている（表2-3）．他方Rudnick and Fountain（1995）は，下部地殻に相当する物理的環境でできた岩石の中から下部地殻の地震波速度に合う岩石を選択する方法をとっている．下部地殻由来の岩石の産状には2通りある．造山帯の変成岩と玄武岩溶岩に含まれる下部地殻由来の捕獲岩である．安定地塊に露出する等圧冷却の履歴を示すグラニュライト相変成岩は，下部地殻を代表すると彼らは考えている．多くは玄武岩質でわずかに泥質岩を伴う．下部地殻のPおよびS波速度を説明できるように組み

表 2-3 下部大陸地殻の化学組成および大陸地殻の総化学組成 （主成分組成は重量％表示）

	下部大陸地殻	下部大陸地殻	大陸地殻総組成	大陸地殻総組成	大陸地殻総組成
	Taylor and McLennan (1985)	Rudnick and Fountain (1995)	Taylor and McLennan (1985)	Rudnick and Fountain (1995)	Wedepohl (1995)
SiO_2	54.4	52.3	57.3	59.1	61.5
TiO_2	1.0	0.8	0.9	0.7	0.68
Al_2O_3	16.1	16.6	15.9	15.8	15.1
T.FeO	10.6	8.4	9.1	6.6	6.28
MgO	6.3	7.1	5.3	4.4	3.7
CaO	8.5	9.4	7.4	6.4	5.5
Na_2O	2.8	2.6	3.1	3.2	3.2
K_2O	0.34	0.6	1.1	1.88	2.4
合計	100.04	97.80	100.1	98.08	98.36
Rb (ppm)	5.3	11	32	58	78
Sr (ppm)	230	348	260	325	333
Y (ppm)	19	16	20	20	24
Zr (ppm)	70	68	100	123	203
Nb (ppm)	6	5	11	12	19
Cs (ppm)	0.1	0.3	1.0	2.6	3
Ba (ppm)	150	259	250	390	584
La (ppm)	11	8	16	18	30
Pb (ppm)	4.0	4.2	8.0	12.6	14.8
Th (ppm)	1.06	1.2	3.5	5.6	8.5
U (ppm)	0.28	0.2	0.91	1.42	1.7

T.FeO：全鉄を FeO と表示．

合わせ，さらに地殻熱流量と調和するように泥質グラニュライトを加えて化学組成（表 2-3）を算出している．

2.3. 始原マントルの化学組成

始原マントルは地殻を分離する前のマントルで，その組成はコンドライト，初生的玄武岩，かんらん岩，かんらん岩捕獲岩の組成から推定される．CI コンドライトの組成は，ガス状元素を除くと太陽の彩層の組成と合致し

表 2-4 始原及び枯渇マントルの化学組成　　　　　　　　（主成分組成は重量%表示）

	始原マントル	始原マントル	始原マントル	始原マントル	枯渇マントル
	Anderson (1983)	Taylor and McLennan (1985)	Ringwood (1991)	McDonough and Sun (1995)	Condie (1997)
SiO_2	49.30	49.90	44.78	45.0	43.6
TiO_2	0.21	0.16	0.21	0.201	0.134
Al_2O_3	3.93	3.64	4.46	4.45	1.18
FeO	7.86	8.0	8.40	8.05	8.22
MgO	34.97	35.1	37.22	37.8	45.2
CaO	3.17	2.89	3.60	3.55	1.13
Na_2O	0.27	0.34	0.34	0.36	0.02
K_2O	0.018	0.02	0.029	0.029	0.008
合計	99.73	100.05	99.04	99.44	99.49
Rb (ppm)	0.39	0.55	0.635	0.60	0.12
Sr (ppm)	16.2	17.8	21.05	19.9	13.8
Y (ppm)	3.26	3.4	4.55	4.30	2.7
Zr (ppm)	13	8.3	11.22	10.5	9.4
Nb (ppm)	0.97	0.56	0.713	0.658	0.33
Cs (ppb)	20	18	33	21	
Ba (ppb)	5,220	5,100	6,989	6,600	
La (ppb)	570	551	708	648	330
Pb (ppb)	120	120	185	150	
Th (ppb)	76.5	64	84.1	79.5	18
U (ppb)	19.6	18	21	20.3	3

ており，原始太陽系星雲の組成を示すとみられる．かんらん岩は上部マントルを代表する物質である．

　かんらん岩とコンドライトの主にどちらから求めるかで2つのグループがある．Ringwood は初生的玄武岩とかんらん岩を合わせて始原マントルとし，パイロライトと呼んだ．表2-4には1991年報告の組成を示した．McDonough and Sun (1995) は，難揮発性元素の比と比との座標上でかんらん岩のなす直線的配列は，いずれの比についてもコンドライトの値を通るから，かんらん岩の化学組成をコンドライトの元素比に戻すことで，始原マントルの組成が決まるとしている．難揮発性元素 Ti と元素比（Sc/Yb, Ca/Yb,

Sm/Yb) を軸に取る座標上で，かんらん岩のなす直線的配列を外挿して，元素比がコンドライトの値になる Ti の値 1,200 ppm を決めることができる．こうして求まる難揮発性元素の存在率は，いずれも CI コンドライト中の値の 2.75 倍である．この値とマントルでの各種の元素比から，揮発性元素の存在率を決めることができる．例えば CI コンドライトの難揮発性元素 U の存在率は 7.4 ppb である．2.75 倍して始原マントルの U は 20.3 ppb，マントルの K/U 比 1.2×10^4 から K は 240 ppm，さらにマントルの K/Rb 比 400 から Rb は 0.6 ppm と決まる．他方難揮発性元素 Sr の CI コンドライト中の存在率 7.25 ppm と，マントルの Rb/Sr 比 0.03 から Rb は 0.6 ppm と決まり，また難揮発性元素 Ba の CI コンドライト中の存在率 2,410 ppb と，マントルの Ba/Rb 比 11 から Rb は 0.6 ppm と決まる．内部矛盾のない組成である．McDonough and Sun（1995）の始原マントルの化学組成を他のものと併せて表 2-4 に示した．

2.4. 大陸地殻を作るに必要な始原マントルの最少量

　大陸地殻の特徴は上部地殻の化学組成にある．ここでは上部大陸地殻の現在量を作るのに必要な始原マントルの最少量を見積ってみよう．上部大陸地殻の組成に Taylor and McLennan（1985）の見積りを，始原マントルの組成に McDonough and Sun（1995）の見積りを用いよう．カリウム，ルビジウム，セシウム，鉛，トリウム，ウランは，上部大陸地殻に順に 118，187，176，133，135，138 倍濃縮している．中を取って約 150 倍としよう．もともとこれらの元素は全て始原マントルにあったはずだから，この倍率は上部大陸地殻の現在量を作るに必要な始原マントルの最少量を与えるはずである．面積 2.1×10^8 km^2 の大陸地殻の半分の厚さ 20 km を上部地殻とすると，その総量を作るためには深さ約 1,600 km までの始原マントルが必要である．大陸地殻を分離した後のマントルを枯渇マントルと呼ぶが，その量は膨大である．
　日本列島についても考えてみよう．厚さ 32〜35 km の地殻の約半分 15 km を上部地殻とすると，それを作るのに必要な最少量は列島下の深さ 2,900 km に

達する量である．一般に海洋プレートの沈み込みでマントルは上下に分けられている．例えば東北日本の地殻と沈み込んだプレートに挟まれるマントルプリズムの量は，必要な量の 1/24 でしかない．仮に東北日本の大陸地殻のある割合は大陸から供給された堆積物に負うとしても，新たな大陸地殻の形成のためには大量の始原マントルが必要で，それを満たすためにはマントル内部での対流を考えざるを得ない．濃縮倍率は，マントルプリズムと外のマントルとの間で大量の物質交換があったことを示している．

第3章　Bowen 系列のマグマの起源

3.1. Bowen 系列のマグマ

　ここで大陸地殻の起源にかかわる問題がどう問われてきたか歴史的経過を見ておこう．上部大陸地殻は花崗岩で代表される．マントルでできる玄武岩マグマとは組成が違う．上部大陸地殻をマントルから作ることは，玄武岩マグマから花崗岩マグマを作る問題である．この問題に溶融実験を基に最初に取り組んだのは，カーネギー研究所の N. L. Bowen である．精力的に溶融実験を進め，そこから結晶作用に関する規則性を抽出し，それに基づいて仮説を整理し，火成岩の多様性を玄武岩マグマの分別結晶作用の下に統一的に説明する体系を築き，1928 年に発表した．
　Bowen のマグマ進化論によると，玄武岩マグマは，分別結晶作用を経て最後にアルバイト，カリ長石，石英に富むマグマに至る．これらの鉱物は，合わせて花崗岩の 90 % 以上を占める．結晶作用の最後にできるのであれば，融点は火成岩の中で最低のはずである．彼は，1958 年 O. F. Tuttle と共同して研究し，アルバイト—カリ長石—石英—H_2O 系の最低融点組成を中心に多くの花崗岩が分布することを示して，その証とした (Tuttle and Bowen, 1958)．
　しかし，Tuttle は異なった意見を持っていたようである (Young, 1998)．玄武岩マグマから花崗岩マグマができる時，はんれい岩質集積岩が花崗岩の数十倍できるはずだが，そのようなものは大陸のどこにも見つからないし，さ

らに，巨大な花崗岩底盤が貫入する時，岩石を押しのけたはずだが，花崗岩の周囲にそれを示す構造は発見されないし，さらに，変成岩が溶けて花崗岩ができることもあるからである．花崗岩が玄武岩マグマからできたとする考えは，野外調査からはとうてい受け入れられないものであった．ここにあげた矛盾は，1940年代の中頃から後半にかけてBowenとH. H. Readとの間での激しい論争を引き起こした．

　Bowenのマグマ進化論はもう1つ重大な問題を含んでいた．1920年代の中頃，それを指摘したのはカーネギー研究所の同僚のC. N. Fennerである（Young, 1998）．指摘の1つを紹介しよう．玄武岩マグマは分別結晶作用でSiO_2に富む花崗岩マグマに向かって変化するとのBowenの主張に対して，玄武岩に含まれる鉱物粒間のガラスは褐色で多量の鉄を含むから，玄武岩マグマは分別結晶作用で鉄に富むマグマに向かって変化するに違いないとFennerは主張した．その後，南極観測隊から得た火山岩から石基を分離し化学分析した結果，それはSiO_2に乏しく（43.2 %），鉄に富むことが分かった．鉄濃縮が確定すると共に，SiO_2濃縮にも問題があることが分かった．

　他方レディング大学のL. R. Wagerは，グリーンランドの南東海岸にSkaergaard貫入岩体と呼ばれる層状分化岩体を発見し，それをマンチェスター大学のW. A. Deerと共同して研究し，層状岩体の鉱物組成の変化や各種鉱物の化学組成の変化が，Bowenならびに共同研究者の実験結果と一致することを示すと同時に，Bowenが描いた玄武岩マグマの分別結晶作用が実在することを見事に示した（Wager and Deer, 1939）．同時に，マグマがSiO_2濃縮ではなく鉄濃縮へ向かうことも分かった．95 %が結晶したところでマグマは漸くSiO_2濃縮へ向かい，グラノファイヤーに達するが，その量は1 %以下であることが分かった．これで，玄武岩マグマの分別結晶作用による組成変化の全体像は確定した．しかし，問題が解決したわけではない．それは，玄武岩―安山岩―デイサイト―流紋岩や，はんれい岩―閃緑岩―花崗閃緑岩―花崗岩（狭義）の系列が，大陸では一般的であるからである．これは明らかにSiO_2濃縮型で，この系列を頭に置いて考えを進めてきたわけだから，Bowenには恐らくSkaergaard貫入岩体の観察事実を「例外」とする

以外には道はなかったと思われる．

　さて，鉄濃縮について説明を補足する必要がある．Fenner の主張に沿って考えると鉄濃縮は，T. FeO/MgO 比（全鉄を T. FeO と表示）が増加することである．この分化傾向は，Skaergaard 貫入岩体に限らずアイスランドやハワイの火山岩に広く認められる．この種の岩石を今日ソレアイト系列というが，本書では Miyashiro (1975) にならって Fenner 系列と呼ぶことにする．また SiO_2 濃縮の一連の岩石をカルクアルカリ系列というが，ここでは Bowen 系列と呼ぶことにする．問題の歴史的起点がどこにあるか明確にするためである．本書の主題は，もちろんこの Bowen 系列の起源を探ることである．

　Wager と Deer の研究は，Bowen 系列の火成岩の起源が果たして彼が主張するように，玄武岩マグマの分別結晶作用によるものか否か，多くの研究者に深い疑問を抱かせる結果となった．この混迷の中ペンシルバニア州立大学の E. F. Osborn (1959) は，総化学組成一定の下で結晶作用が進むと，マグマの T. FeO/MgO 比が増加し SiO_2 の濃縮が抑えられるが，酸素分圧一定の下で進むと，SiO_2 が急増する向きに変化することを示した．そのわけを説明しよう．

　鍵はマグマ中の鉄の酸化還元反応にある．$Fe_2O_3 = 2FeO + 1/2O_2$ で分かるように，Fe_2O_3 の割合は酸素分圧に依存する．マグマには FeO が多いわけだが，酸素分圧が上がると Fe_2O_3 の割合が増し，磁鉄鉱（$FeO \cdot Fe_2O_3$）が結晶しやすくなる．結晶すると SiO_2 がマグマに濃縮する．同時に酸素は消費されるから，磁鉄鉱の結晶作用を維持するためには酸素が供給され続けなければならない．そうすると，マグマは SiO_2 に濃縮し続けることになる．酸素の供給がないと，わずかな磁鉄鉱の結晶作用でマグマの Fe_2O_3 の割合が下がり，珪酸塩鉱物の結晶作用でマグマに Fe_2O_3 が再び濃縮するまで磁鉄鉱の結晶作用は抑えられる．その結果 SiO_2 の濃縮は抑えられ，マグマの T. FeO/MgO 比が増加する．このように酸素供給の存否で SiO_2 濃縮と鉄濃縮の違いが現れる．

　Fenner 系列は閉鎖系での玄武岩マグマの分別結晶作用ででき，結晶作用

に伴って酸素分圧は下がるのに対し，Bowen 系列は酸素分圧が一定の条件下での玄武岩マグマの分別結晶でできることになる．そのことを確かめるため，酸素分圧測定の必要性が高まった．それを炭酸ガスと水素の混合ガス気中での火山岩の溶融実験を通して試みたのは Fudari (1965) である．実験結果を見ると，Fenner 系列の火山岩では，T. FeO/MgO 比の増加に伴って酸素分圧は上がり，Bowen 系列の火山岩では SiO_2 の増加に伴って酸素分圧は上がることも下がることもあった．酸素分圧がある役割を果たしていることは確かだが，Osborn の考えは酸素分圧測定実験から支持する証拠を得ることはできなかった．

水分も Bowen 系列の形成に対してある役割を果たしているらしい．そのことを紹介しよう．Tilley et al. (1964) は，溶融実験で Fenner 系列玄武岩の T. FeO/(T. FeO + MgO) 比がリキダス温度の降下に伴って単調に増加することを発見した．増加はカンラン石と単斜輝石の結晶作用によるものである．Brown and Schairer (1971) は，西インド諸島の Bowen 系列の玄武岩，安山岩，デイサイトのリキダス温度が Tilley et al. (1964) のリキダス温度より常に高温側にずれることを発見した．それは火山岩が斜長石成分に富むためであった．富む理由に最初に気付いたのは Yoder and Tilley (1962) である．そのわけを説明しよう．

水蒸気圧を加えることで珪酸塩鉱物の融点は一般に下がる．その効果は結晶構造の中での SiO_2 の重合度に依存していて，重合が3次元に広がる長石の初相領域は狭く，SiO_2 が孤立しているカンラン石の初相領域は広くなる向きに働く (Kushiro, 1969, 1975)．その結果，高い水蒸気圧下では斜長石の結晶作用が遅れ，マグマに斜長石成分が濃縮する．このことから Bowen 系列の起源に水蒸気圧が作用していることがうかがえる．この系列の溶岩を噴出する火山は爆発的に噴火し，大量の水蒸気を放出するし，また，溶岩はしばしば角閃石など含水鉱物を含む．いずれもマグマが水分を含む証拠である．しかし，高い水蒸気圧がそのまま SiO_2 濃縮につながるわけではなかった．それについては後ほどの説明で分かるから，ここでは説明を割愛する．

Bowen 系列の成因をめぐる議論が混沌とした状態を続けていた1960年代

末，オーストラリア国立大学の A. E. Ringwood のグループは，玄武岩の高圧溶融実験の結果をプレートの沈み込みと結びつけて，Bowen 系列の火山岩が島弧でできる仕組みを論じた．玄武岩は圧力 2.7 GPa 以上では，ガーネットと単斜輝石で構成されるエクロジャイトになる．ガーネットは鉄に富み SiO_2（37～42 %）に乏しいから，エクロジャイトの部分溶融で SiO_2 に富みT. FeO/MgO 比の低い玄武岩質安山岩や安山岩マグマができる．この結果を基に Green and Ringwood（1968）は，海洋地殻がプレートと共に海溝からマントルへ沈み込み，エクロジャイトになり，部分溶融して玄武岩質安山岩ないし安山岩マグマができると提案した．この考えは島弧に火山活動が起こる仕組みと，火山岩が Bowen 系列であることを見事に説明した．しかし，問題がある．まず地震帯での溶融である．溶けるほどに高温の岩石は流動し歪みを蓄積できないから，地震は起こらないはずである．また部分溶融でできたマグマは，マントルを通る時かんらん岩と反応して SiO_2 を減らし，玄武岩マグマに向かって変わるはずで，安山岩マグマのまま噴出することはないはずである．問題がいくつも浮上し，彼らの考えは疑わざるを得ないものとなった．その後本質的な解決の見通しが示されることはなく，Bowen 系列の起源問題は，未解決のまま今日に至ることとなった．

3.2. マントルかんらん岩の部分溶融

ここで，マントルでできるマグマは間違いなく玄武岩質であるか否か確かめておこう．それを決めるのはマグマの SiO_2 含有量である．SiO_2 が 45～52 % であると玄武岩質，52～63 % であると安山岩質である．久城（Kushiro, 1968, 1969）はマントル鉱物系について溶融実験を行い，液の SiO_2 が圧力と水蒸気圧に依存して変わることに気付いた．その後 1.0～3.0 GPa の部分溶融実験で，無水のかんらん岩から SiO_2 45～52 % の玄武岩質液ができることと，その時圧力が高いほど液の SiO_2 は少なくなることが確かめられた（Hirose and Kushiro, 1993）．

次に水蒸気圧下での部分溶融を見てみよう．Nicholls and Ringwood

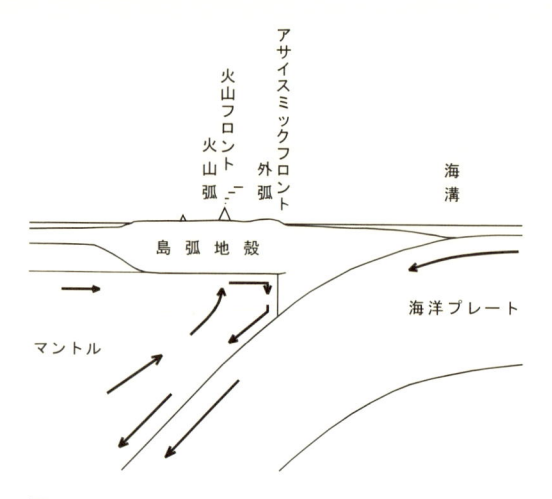

図 3-1 海洋プレートの沈み込みに伴ってマントルプリズム内に発生すると見られる誘導対流
Yanagi (1981) から改変.

(1973) は高い水蒸気圧下でも，液の SiO_2 の上限がマントルのカンラン石で抑えられるから，30 km 以深でできる液は全て玄武岩質であると報告したが，Kushiro (1990) は含水かんらん岩の 1.2 GPa での部分溶融実験で，SiO_2 56 % に達する液ができることを確認した．条件が整えば低温で MgO に富む安山岩マグマがマントル表層でできることが分かった．島弧マントルの表層は地震波速度が遅く，わずかに溶けているようである．無水だと玄武岩質のはずだが，水分があって安山岩質の液が粒間を埋めているかもしれない．しかし，実験結果をみると，温度が 1,250 ℃ 以上では液は全て玄武岩質である．この温度は日本列島では地下 40〜50 km 以深で実現するから，上部マントルで発生するマグマは玄武岩質と判断される．

　もともと部分溶融は静止状態のマントルが加熱されて起こるわけではないだろう．後でも説明するように島弧下のマントルは，海洋プレートの沈み込みに伴って対流しているとみられる．対流は深部から火山フロントに向かって上昇し，マントル表面に達した後海溝に向かって流れ，アサイスミックフロントの背後で下降し，プレートの沈み込みに引きずられ深部へもどると考

えられる（図3-1）．深部で対流に巻き込まれた高温物質が断熱上昇し，150 km以浅に達して溶け始める．その後も上昇は続き溶融割合は増加し，割合がある閾値に達すると液は岩石から離れ，まとまってマグマとして挙動し始める．部分溶融実験の結果から判断すると，そのようなマグマは全て玄武岩質である．

　マントルで発生するマグマが玄武岩質であると確定すると，島弧に大量にある安山岩，あるいは花崗岩，さらに大陸地殻は玄武岩マグマからどのような仕組みでできるのかが，改めて問題となる．第4章でその仕組みを示したい．

第 4 章　大陸地殻を作る仕組みの探索

4.1．3 つの制約条件

　大陸地殻がマントルから分離する第 1 段階は玄武岩マグマの生成と分かったから，難しさは玄武岩マグマから花崗岩質上部大陸地殻を作る仕組みにある．それを以前とは異なる方法で乗り越えるため，新たな制約条件を 3 つ設定しよう．

　部分溶融や結晶作用の時 MgO は固相に多量に分配され，K_2O は圧倒的に液相に分配される．この 2 成分について始原マントル，枯渇マントル，初生的海嶺玄武岩，上部大陸地殻の組成を図 4-1 に示した．

　初生的海嶺玄武岩の MgO は 10 ％前後の狭い範囲に限られている．マントルでマグマは周囲と化学平衡にあったはずだから，これはマントルが MgO に関して均一であることを示していると言えよう．図には始原マントルの部分溶融でできる液の組成変化も示している．数値計算（Ghiorso and Sack, 1995）によるものだが，これを横軸方向に平行移動しながら初生的海嶺玄武岩を見ると，マントルは K_2O に関して極めて不均一であることが分かる．始原マントルや枯渇マントルがあるからである．

　液相濃縮元素の濃縮の最も効果的な仕組みとしてよく分別結晶作用があげられる．図の残液組成変化はその天然の例で，これを見ると図の K_2O に富むマグマからでも分別結晶作用で上部大陸地殻の組成は作れないことが分かる．マントルの組成は始原マントルから枯渇マントルにわたるわけだから，

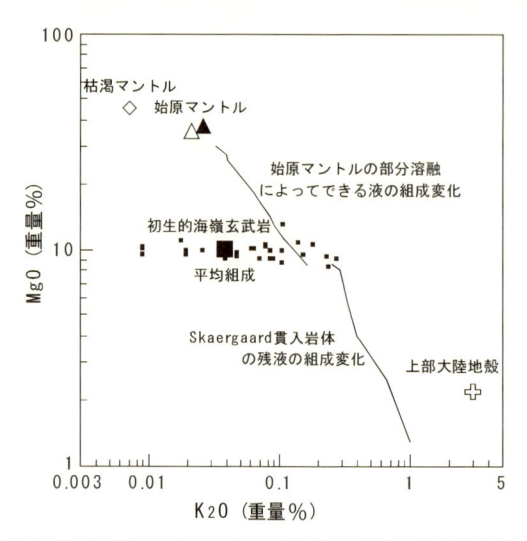

図 4-1 始原ならびに枯渇マントル，初生的海嶺玄武岩，上部大陸地殻の化学組成

▲は McDonough and Sun（1995），△は Taylor and McLennan（1985）の始原マントル，◇は Condie（1997）の枯渇マントル，■は Hess（1992）の初生的海嶺玄武岩，✚は Taylor and McLennan（1985）の上部大陸地殻．残液組成変化は Wager and Brown（1967），部分溶融による液組成変化は Melts（Ghiorso and Sack, 1995）による．

玄武岩マグマの K_2O は 0.1％を切ることもあるはずで，そのようなマグマから上部大陸地殻の組成を分別結晶作用でつくることは到底できない．それを作る仕組みは MgO が 1/4 になる間に K_2O を 25 倍以上濃縮できなければならない．より一般的に，固相濃縮成分の極端な希薄化を招くことなく典型的な液相濃縮成分を 20 数倍濃縮できなければならない．これが第 1 条件である．

探索にもう 1 成分いる．斜長石は玄武岩マグマから結晶する鉱物の約半分を占めるが，MgO も K_2O も含まない．別な元素でその結晶作用をつかむ必要がある．その役を担える元素にストロンチウムがある．斜長石には多量に分配されるが，カンラン石と斜方輝石には入らない．単斜輝石にもわずかしか入らない．そのためマグマのストロンチウムは，苦鉄質珪酸塩鉱物の結晶作用で濃縮し，斜長石の結晶作用で希薄になる．K_2O に代わって同族元素の

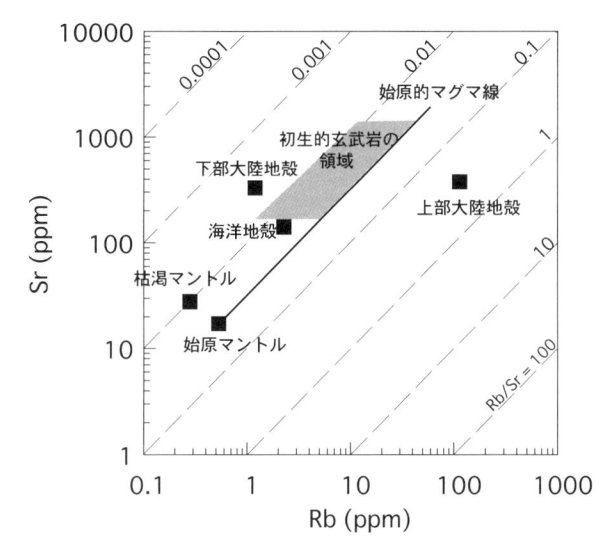

図 4-2 Taylor and McLennan（1985）の始原マントル，海洋地殻，上部大陸地殻，Wänke *et al.*（1984）の枯渇マントル，および下部大陸地殻由来の捕獲岩の Rb，Sr 組成

　ルビジウムを用いると斜長石の結晶作用は Rb/Sr 比の増加として現れる．斜長石は，結晶作用で玄武岩マグマの Rb/Sr 比を大きく上げることができる唯一の鉱物である．

　図 4-2 に始原マントル，枯渇マントル，上部大陸地殻のルビジウム，ストロンチウム組成を示した．始原マントルの部分溶融でできるマグマの組成は，溶融割合で変わり始原的マグマ線に沿って変化する．枯渇マントルもあるマントルから部分溶融でできる初生的玄武岩マグマは，始原的マグマ線に沿ってこの線の左側に分布するはずである．上部大陸地殻の Rb/Sr 比は始原的マグマ線よりはるかに高い．それを玄武岩マグマから結晶作用で作るとすると，マグマの Rb/Sr 比を上げるために斜長石が結晶しなければならない．斜長石の結晶作用は低圧（＜約 1.5 GPa）でのみ実現し，その圧力はマグマが水分を含むとさらに低くなるから，結晶作用の場所は浅い所，ほぼ地殻の中に限られる．これが第 2 条件である．

次に第3条件を示す．表2-2の上部大陸地殻の化学組成は大陸によらず，侵食深度にもよらず，また始生代末以降の時代を超えて一定している．これが第3条件である．仮に上部大陸地殻の主成分組成が相関係で決まる最低融点の組成と一致するのであれば，一定であることは理解できよう．その組成は Tuttle and Bowen (1958) によって SiO_2 が70％を超えるところにあることが既に分かっている．上部大陸地殻の SiO_2 は66％で最低融点の含有量ではない．もともと主成分組成のみならず微量成分組成についても一定である事実は，それが相関係のみならず結晶作用の仕組みで決まっていることを示すと言えよう．

4.2. 微量成分の利点

マントルと大陸地殻との間で物質を交換していて，それで地殻の化学組成が決まることと，その仕組みの解明に微量元素を当てることとを説明しよう．

マントルから地殻へ玄武岩マグマの供給があって何もマントルへもどらなければ，大陸地殻の総化学組成は玄武岩マグマと同じはずだが，表2-3を見るとそれは違う．大陸地殻の組成ができるためには，玄武岩マグマより SiO_2 の少ない物質が，マントルへもどらなければならない．これは微量成分を含め全ての成分について言えることである．マントルと大陸地殻の間には物質交換の仕組みがあって，それが地殻の組成を決めているはずで，大陸地殻の起源を明らかにするとは，その交換の仕組みを明らかにすることである．交換の第1段階は玄武岩マグマの地殻への供給と分かっているから，問題は地殻からマントルへの還流である．還流の仕組みは2つに分かれる．還流の物理的仕組みと還流物質の組成を決める仕組みである．

その解明に微量元素を当てる理由を説明しよう．上部大陸地殻の主成分組成が玄武岩マグマからできることの証明は当然ではあるが，それは関係する鉱物の液相面相関係で決まるから，それから仕組みを問うことは原理的に難しい．主成分に代えてここでは微量成分組成から検討する．その最大の理由

は，液相濃縮微量元素が始原マントルの 120〜190 倍濃縮している事実にある．主成分に関し仮に上部大陸地殻相当の組成を作れたとしても，その中に液相濃縮微量元素が十分に濃縮することを保証できなければ，上部大陸地殻を作れたとは言えないだろう．

次に微量成分の利点をあげよう．第 1 は典型的液相濃縮微量元素の挙動が液相面相関係の詳細に依存して決まるわけではなく，基本的には液相と固相の比で決まることである．その元素としてルビジウムを当てる．第 2 は特定の鉱物のみに分配される微量元素の存在である．苦鉄質珪酸塩鉱物は結晶作用の場がマントルと地殻のいずれにあっても常に関与するが，結晶作用の場は斜長石が結晶するところと既に分かっているから，斜長石に選択的に分配されるストロンチウムが探索用元素としては適当である．

4.3. 島弧マントルの部分溶融

マントル組成から上部大陸地殻の組成ができる仕組みを，組成計算を通して探索しよう．まず島弧に供給されるマグマの組成を求めよう．マントルの部分溶融で溶け残る鉱物はカンラン石，斜方輝石と極少量の単斜輝石である．これらと化学平衡を保ちながらできる液組成を図 4-3 に示した．使用した分配係数は表 4-1 にある．まずマントルの組成を推定した思考過程を説明しよう．

一般に上部マントルは化学的には枯渇マントルであるから，島弧マントルも枯渇マントルであるはずだが，そこでの火成活動は海嶺のように定常的ではなく偶発的だから，マントルプリズムの対流の中に時々取り込まれる高温の肥沃なマントルの部分溶融で励起されるとみるべきだろう．始原マントルは肥沃なマントルの 1 つで，枯渇マントルとマントル組成の 2 極をなす．玄武岩マグマの生成は始原マントルのみの部分溶融ではなく，それを包む枯渇マントルとの双方に由来するとみるべきだろう．図 4-3 の M はそのようなものとして用意した．M は始原マントル PM（Rb/Sr = 0.0302：McDonough and Sun, 1995）と枯渇マントル DM（Rb/Sr = 0.0106：Wänke *et al.* 1984）の調和

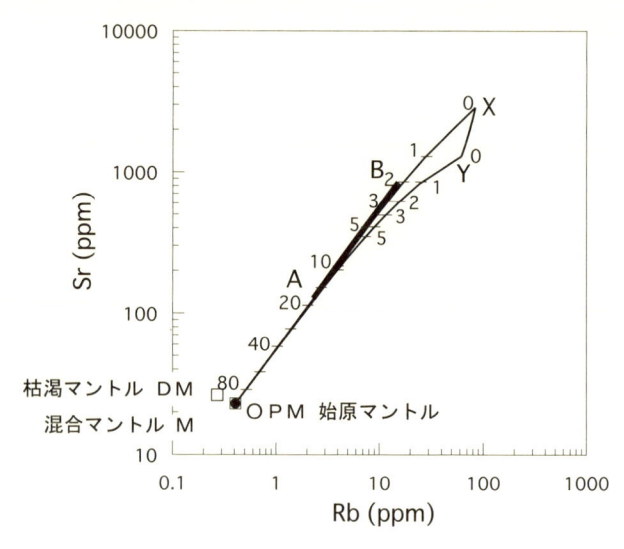

図4-3 マントルの部分溶融でできる液の Rb, Sr 組成
数値は溶融割合（%）．DM は枯渇マントル（Wänke et al., 1984），PM は始原マントル（McDonough and Sun, 1995）．M は両マントルの調和平均組成．Yanagi (1975) から改変．

表4-1 石基と斑晶鉱物との間の元素分配比

	カンラン石	斜方輝石	単斜輝石	ガーネット	角閃石	黒雲母	斜長石	カリ長石
カリウム	0.0061	0.013	0.027	0.020	0.31	2.48	0.155	1.49
ルビジウム	0.0049	0.0049	0.022	0.009	0.061	2.14	0.051	0.66
ストロンチウム	0.0055	0.018	0.10	0.015	0.17	0.04	1.49	5.82

Yanagi (1975) から引用．

平均組成で，初生的島弧玄武岩に Rb/Sr 比 0.02 が多いことをよく説明できる．

　図4-3 の曲線 MX は溶け残りをカンラン石と斜方輝石とした時に液がたどる軌跡である．曲線 MY はカンラン石と斜方輝石に単斜輝石を 10% 加えて求めた液の軌跡である．溶融割合をパーセントで表している．島弧玄武岩のストロンチウム 150~1,500 ppm（図5-5）は 15~1% 溶融に当たる．これ

は恐らく下限だろう．

　玄武岩のストロンチウムは地殻の厚さが 20 km 程度のところでは 150〜200 ppm，70 km 程度のところでは 2,000〜3,000 ppm と地殻の厚さに依存するから，恐らくマントルから離脱する時の溶融割合はもっと大きいだろう．薄い地殻の島弧の玄武岩のストロンチウムは 150〜200 ppm で，対応する溶融割合は 15〜12％である．そのようなところでは曲線 MX と曲線 MY は重なっていて，液の Rb/Sr 比はほぼマントル M の値に等しい．苦鉄質鉱物が結晶分別してもマグマの Rb/Sr 比は有意には変わらない（図 4-4）．直線 AB はこうして定めたもので，これからの計算の初期組成の範囲を示す．

4.4. マグマの分別結晶作用

　次に分別結晶作用による組成変化を検討しよう．マントルの中を上昇してきたマグマは地殻の底にたまり，結晶作用を始めるが，その鉱物組み合わせに 2 組ある．1 つは高圧の場合でカンラン石，単斜輝石，斜方輝石からなる．他は低圧の場合で上の 3 鉱物に斜長石が加わる．高圧の場合の液組成変化を図 4-4 に示した．直線 AB は初期組成範囲を示す．例として点 O のマグマから鉱物が個別に結晶分別することを想定して実現する組成領域を限った．直線 OC はカンラン石または斜方輝石が分別結晶する時のマグマ組成の軌跡で，直線 OD は単斜輝石が分別結晶する時のマグマ組成の軌跡だから，分別結晶作用で実現するマグマ組成の範囲は直線 OC と OD に挟まれる領域で，図中で実現する Rb/Sr 比は 0.018〜0.03 である．上部大陸地殻の Rb/Sr 比よりはるかに小さい．

　次に低圧での結晶作用を検討しよう．カンラン石，単斜輝石，斜方輝石については先の計算結果を使用する．分配係数一定で斜長石が分別結晶する時，マグマ組成の軌跡は直線 OE で示され，マグマの Rb/Sr 比は急増する．斜長石と共にカンラン石や単斜輝石，斜方輝石が分別結晶して実現するマグマ組成の範囲は，直線 OC と OE に挟まれる．上部大陸地殻はこの中に含まれるが，領域が広いため，その組成が真に作れるか否かすぐには判断できな

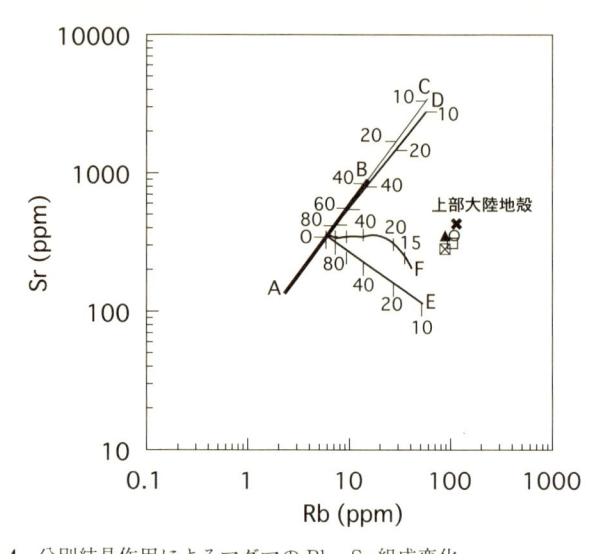

図 4-4 分別結晶作用によるマグマの Rb, Sr 組成変化
数値は残液の割合（%）. ✖ は Hurley *et al.* (1962), ▲ は Taylor (1965), ○ は Taylor and McLennan (1985), □ は Shaw *et al.* (1986), ⊠ は Condie (1993) の上部大陸地殻の化学組成. Yanagi (1975) から改変.

い．この場合マグマの組成変化を詳細に追跡することが必要である．曲線 OF は鉱物組成変化と斜長石の組成変化を逐次追跡して求めたマグマの分別結晶作用による組成変化を示す．残液量が約 25 % になるまでストロンチウム濃度はほぼ一定に保たれるが，その後急速に下がり，上部大陸地殻の組成は実現しない．分別結晶作用で上部大陸地殻を作ることは難しい．

4.5. 玄武岩地殻の部分溶融

次に玄武岩マグマが噴出して厚い地殻ができた後，下部が部分溶融することを考えよう．部分溶融でできるマグマの組成と上部大陸地殻の組成を比較したのが図 4-5 である．溶け残る物質の中で斜長石と単斜輝石が圧倒的割合を占める．ストロンチウムは主に斜長石に，わずかに単斜輝石に分配され，ルビジウムは斜長石と単斜輝石の双方にわずかだが分配される．他の鉱

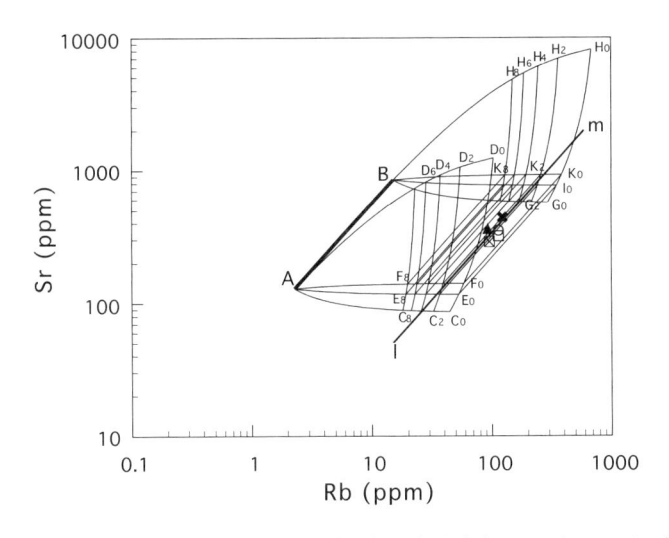

図 4-5 化学平衡を保ちながら玄武岩地殻が部分溶融してできるマグマと上部大陸地殻の Rb, Sr 組成

上部大陸地殻の化学組成については図 4-4 を参照.Yanagi(1975)から一部改変.

物は少なく,両元素を共に含まない.そのためマグマの Rb/Sr 比は溶融割合と斜長石と単斜輝石の比率で決まる.問題は上部大陸地殻の Rb/Sr 比のマグマを作ることができるか否かにあるから,両鉱物以外の効果は無視できる.

直線 AB は玄武岩地殻の組成範囲を示す.まず点 A の部分溶融を考えよう.曲線 AC_0 は斜長石のみが,曲線 AD_0 は単斜輝石のみが溶け残ると想定して部分溶融でできるマグマ組成の軌跡を示す.点 C_n, D_n は n % 溶けた時のマグマ組成を表し,0 % は溶融割合の無限小を意味する.曲線 C_0D_0 は溶融割合が無限小の時,両鉱物の比率に依存して変わるマグマ組成の軌跡を示す.さらにマグマ組成を限定するためには比率を決めなければならない.初生的玄武岩として伊豆半島の玄武岩(久野,1976)を,分化した玄武岩として桜島火山のマグマ溜りに流入する玄武岩マグマ(表 6-1)を想定し,化学組成から鉱物組成への変換はノルム計算によって両鉱物の比率を決めた.マグマ組成は圧倒的に斜長石で決まるから,他の玄武岩組成を採用しても結論に

有意な影響を与えることはない．曲線 AF_0 は伊豆半島の玄武岩から求めた比率を常に想定した時，曲線 AE_0 は桜島の玄武岩から求めた比率を常に想定した時，部分溶融でマグマ組成がたどる軌跡を示す．

玄武岩組成を点Aから点Bへ移し実現する組成は，点Aに関して実現した諸組成を，それぞれの Rb/Sr 比を一定にして平行移動して求まる．その時の主成分組成の変化は斜長石と単斜輝石の比率を通して結果に反映するが，もともとマグマ組成は斜長石に大きく依存していて，また，点Aから点Bへ移っても両鉱物の比率が大きく変わるわけではないから，結果を改めなければならないような影響は生じない．下付添え字は溶融割合をパーセントで表し，これらとかかわる一群の平行線はそれぞれ等溶融度のマグマ組成を示す．図には上部大陸地殻の化学組成も示した．その平均 Rb/Sr 比（直線 lm）は玄武岩地殻の数パーセント溶融でできるマグマの Rb/Sr 比と一致するから，玄武岩地殻の部分溶融で上部大陸地殻の化学組成のマグマができることが分かる．しかし，溶融割合が小さいからマグマを分離することが困難である．玄武岩マグマの平衡結晶作用を想定しても同じ結果になるが，この場合も微量のマグマを結晶から分離する物理的仕組みに課題が残る．

4.6. マグマ供給の続くマグマ溜りでの結晶作用

次に結晶作用が継続しているマグマ溜りに，少しずつ親マグマを連続的に供給して起こる組成変化（Yanagi, 1975）について考えよう．マグマ溜りは地殻の底にあり，親マグマはマントルの湧昇流でマグマ溜りに運び込まれ続け，集積岩はその側方へ向かう流れで運び出され続ける（図3-1）としよう．

まずルビジウムを例に説明しよう．ルビジウムは親マグマで運び込まれ結晶作用でマグマに濃縮するから，親マグマの供給が継続するとマグマに濃縮し続けることになる．他方マグマから沈殿する集積岩には分配係数で定まるだけ分配するから，分配量はマグマのルビジウム濃度に比例して増加する．その結果，ついには親マグマの運び込む量と集積岩の運び去る量とが等しくなり，定常状態が実現する．その時のマグマ中濃度は，親マグマ中濃度と分

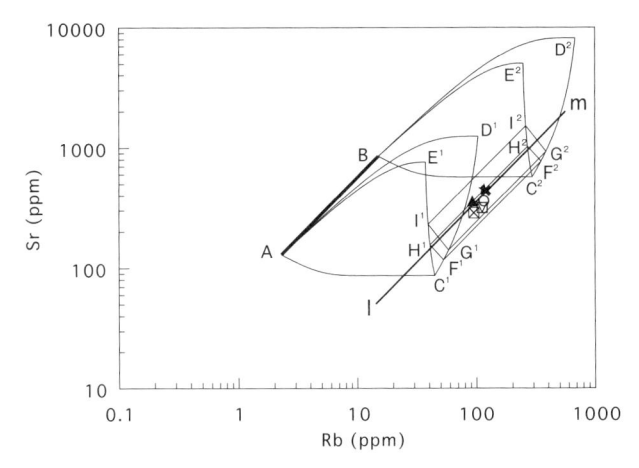

図 4-6 親マグマが連続的に供給されるマグマ溜りでの結晶作用が定常状態に達した時のマグマの Rb, Sr 組成と，上部大陸地殻の Rb, Sr 組成
上部大陸地殻の化学組成については図 4-4 を参照．Yanagi (1975) から一部改変．

配係数で決まる．定常状態を実現するために必要な親マグマの量は分配係数に依存し，大きければ少なく，小さければ多くなる．そのため分配係数の大きい元素が定常状態に達した後も，分配係数の小さい元素の濃縮が，収束濃度に達するまで続くことになる．

計算結果を図 4-6 に示した．直線 AB は親マグマの組成範囲を示す．まず点 A の親マグマについて説明しよう．結晶する鉱物は無水の場合カンラン石，斜方輝石，単斜輝石，斜長石，磁鉄鉱だが，水分が親マグマに微量でも含まれているとマグマに濃縮し角閃石が結晶することになるから，角閃石についても考えることにする．興味はマグマの Rb/Sr 比にあり，それに影響を与える鉱物は無水の場合は斜長石と単斜輝石，含水の場合は斜長石と角閃石で，他の鉱物は無視できる．

図 4-6 の曲線 AC^1 は点 A の親マグマの供給を受けながら斜長石のみが結晶し続けた場合，曲線 AD^1 は単斜輝石のみが結晶し続けた場合，曲線 AE^1 は角閃石のみが結晶し続けた場合に，マグマ組成がたどる軌跡を示す．点 C^1，D^1，E^1 のいずれも両元素濃度について共に定常状態が実現している組成

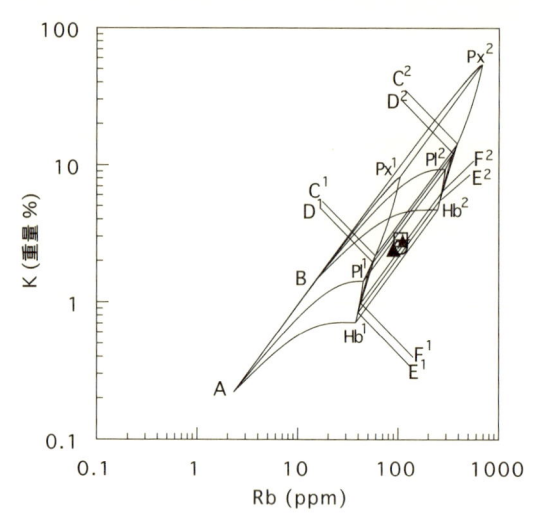

図 4-7 親マグマが連続的に供給されるマグマ溜りでの結晶作用が定常状態に達した時のマグマの K, Rb 組成と，上部大陸地殻の K, Rb 組成

○は Shaw *et al.* (1986), ★は Taylor and McLennan (1985), ▲は Condie (1993), □は Wedepohl (1995) の上部大陸地殻の化学組成. Yanagi (1975) から一部改変.

である．これからはこの定常状態のマグマ組成について考える．曲線 C^1D^1, C^1E^1 はそれぞれ斜長石と単斜輝石，斜長石と角閃石の比率に応じて変わる定常状態のマグマ組成の軌跡を示す．点 G^1, I^1 は親マグマの主成分組成として伊豆半島の玄武岩を，点 F^1, H^1 は桜島の玄武岩を想定した場合の定常状態のマグマ組成を示す．角閃石の量は，ノルムカンラン石と珪灰石，斜方輝石，斜長石からアクチノ閃石，パーガス閃石をカンラン石，輝石成分がなくなるまで計算して求めた．一般に無水から水分に過飽和までの範囲が想定されるから，点Aを親マグマとして実現するマグマ組成は $F^1H^1I^1G^1F^1$ の領域である．

　親マグマの組成を点Aから点Bへ移して実現する組成は，点Aに関して実現した諸組成を，それぞれの Rb/Sr 比を一定にして平行移動させて求まる．上付添え字2は親マグマの組成が点Bにあることを示す．親マグマの主成分組成の違いからくる影響については後で説明する．

まとめると，直線 AB 上の親マグマから定常状態で実現する組成は領域 $F^1H^1I^1G^2F^2F^1$ に限られるが，上部大陸地殻の組成はこの領域の中央にあり，その平均 Rb/Sr 比（直線 lm）はこの領域の中央を通る．計算結果は，上部大陸地殻の組成のマグマが親マグマからマグマ溜りにできることを示している．

図 4-7 はルビジウム，カリウムについて示した．直線 AB は親マグマの組成範囲で，点 A の親マグマが供給され斜長石のみが結晶し続けた場合，マグマ組成は点 A から点 Pl^1 に至る．点 Px^1 は単斜輝石のみが，点 Hb^1 は角閃石のみが結晶し続けて到達する定常状態の組成である．点 C^1，E^1 は主成分組成に伊豆半島の玄武岩，点 D^1，F^1 は桜島火山の玄武岩を想定した時に実現する定常状態の組成である．上付添え字 2 を付した点は点 B の親マグマで実現する定常状態の組成を表す．それで直線 AB 上の親マグマから定常状態でできる組成は領域 $C^1D^1F^1E^1E^2C^2C^1$ に限られ，その中央に上部大陸地殻の化学組成はある．

ルビジウムは分配係数最小の元素であるから定常状態を実現するためには最も多量の親マグマを必要とする．分配係数は斜長石，単斜輝石，角閃石のいずれについてもおよそ 0.05 だから，必要な親マグマの量はマグマ溜りの 30 倍以上である．

さて，最後に親マグマの組成が点 A から B へ移る時の主成分組成の変化からくる影響について説明しておこう．これまで親マグマの Rb/Sr 比は一定としてきたが，図 4-3 から分かるように，マグマができる時ストロンチウムが増加すると Rb/Sr 比は少し上がる．点 A は低アルカリソレアイト玄武岩，点 B はカンラン石玄武岩に相当し，後者はカリウムに富んでいる．その点 B の親マグマの供給でカリウムは 10％（図 4-7 の点 C^2 や D^2）にも達するようになるが，実際はここに至る前にマグマから黒雲母やアルカリ長石が結晶し，その結果定常状態の Rb/Sr 比は下がるようになる．それはこれらの鉱物にルビジウムが多量に分配されるからである．親マグマのカリウム濃度は点 A の親マグマで低く，ストロンチウムと共に増加し，ある濃度に達すると黒雲母やアルカリ長石が結晶し始める．その結晶量は点 B に近づくほど多くな

り，それに応じて定常状態のマグマの Rb/Sr 比は下がることになるが，もともと点Bに近づけば親マグマの Rb/Sr 比は上がっているわけだから，両者が相殺し合う結果，定常状態での Rb/Sr 比には有意な変化は生じないことになる．親マグマのストロンチウム濃度にかかわりなく定常状態の Rb/Sr 比はほぼ一定に保たれる．

4.7. 集積岩のマントルへの搬出

親マグマの供給が続く開放系マグマ溜りでの結晶作用が，上部大陸地殻の組成を作る有力な仕組みとして浮上してきたが，問題は少なく見積ってもマグマ溜りの30倍ある集積岩の扱いである．それは必ずマントルへもどさなければならない．これはマントルから分離する第1段階が玄武岩マグマである限り避けることのできないことである．そのことから起こる問題について，日本列島を例に説明しよう．今の地殻の厚さの約半分15kmが上部地殻であるとしよう．それができる時にできた集積岩の量は少なくともその30倍はあり，列島下のマントルプリズムの量の約4.3倍である．

この問題に関してマントルプリズム内の対流は不可欠で，対流ではじめて集積岩の搬出は可能となる．どのような対流であるべきかであるが，島弧の火山活動も上部大陸地殻の形成も後で説明する島弧の地形や地質も，また日本列島およびその周辺の地殻熱流量や震源分布も，こぞってマントルプリズム内に図3-1に示すような対流があってはじめて理解できる．単純に回り続けていては列島下のマントルプリズムは集積岩で満たされてしまう．外のマントルに対して閉じていては，日本列島の地殻は原理的に作れないことは，既に説明した．マントルプリズムは外と対流でつながっていて，それが肥沃なマントル物質をマントルプリズムに運び込み，他方で集積岩を外へ運び出しているはずである．集積岩の搬出とは，それをマグマ溜りからマントルプリズムへ移すだけではなく，そこを経て広大なマントルへ運び出すことである．この開いた対流は大陸地殻の起源という視点からは不可欠の条件である．

第 5 章　島弧火山のマグマの組成変化の仕組み

5.1.　繰り返しマグマの供給があるマグマ溜り

　初生的玄武岩マグマの組成から上部大陸地殻の組成を作る仕組みとして，開放系マグマ溜りでの結晶作用が適当であると分かったが，そのような仕組みが果たしてあるのか否か証拠が必要である．この仕組みではカリウムの濃度は最初非常に低く，時間が経つにつれて次第に上がり，最初の約 20 倍にも達するようになると上がらなくなり，ついには一定となる．この時間変化がまずつかまえられそうにみえる．そのためにはマグマが繰り返し噴出している火山の調査が必要である．数ある火山の中に期待する組成変化を示す火山を探すことである．図 5-1 に，これからの説明に現れる火山の位置を示した．

　マグマ組成の時間変化をつかむためには，溶岩の噴出順序が分かっていることが不可欠だが，それを決めることは極めて難しい．溶岩の重なりが噴出順序を決める基本手段だが，しかし，継続的に重なっているようなところがあるわけではない．年代測定は不可欠だが，数十年あるいは数百年間隔で数百万年にわたって噴出を繰り返す噴出物の順序を決めるには，精度が不足している．基本的には広い領域にわたって踏査し，累積した断片的事実から総合的に地層単位の重なりを判断し，結果として全体の順序を決めるより他に方法はない．しかし，そうして決まる噴出順序には，自ら精度と信頼性に限度がある．

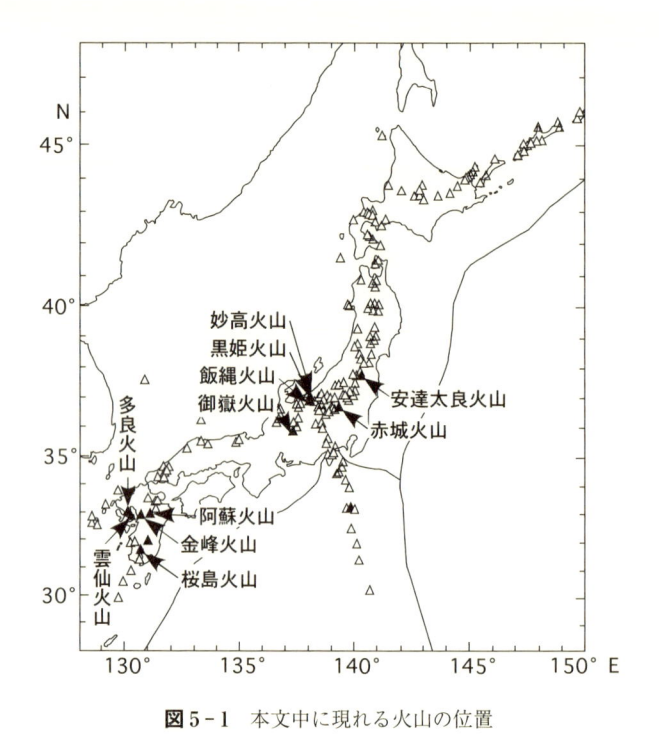

図 5-1　本文中に現れる火山の位置

　ここで扱う飯縄，黒姫，妙高火山の溶岩の噴出順序は早津賢二の長年にわたる調査（Hayatsu, 1976）によるものである．これらの火山は本州の中央部の日本海側に南北に配列する典型的な島弧火山で，今から約30万年前に前後して活動を始め，飯縄火山は15万年前まで，黒姫火山は9万年前まで活動してきた（早津ら，1994）．妙高火山は今なお活動を続けている．

5.1.1. 鋸歯状時間変化

　まず妙高火山の溶岩組成の鋸歯状時間変化から，開放系マグマ溜りに気付いた道筋（Yanagi and Ishizaka, 1978）を紹介しよう．溶岩組成を下から噴出順に示した表5-1では，カリウムは増加と減少を交互に5回繰り返している．重要な事実は，カリウム濃度がしばしば大きく下がることである．カリウムは結晶作用でマグマに濃縮するから，その間にマグマが時々噴出して火山が

第5章 島弧火山のマグマの組成変化の仕組み

表5-1 妙高火山の溶岩の化学組成

岩石名	K (%)	Rb (ppm)	Sr (ppm)	K/Rb	Rb/Sr	化学ステップ
安山岩	1.825	67.9	297	269	0.229	MK 5
安山岩	1.36	55.0	371	247	0.148	MK 5
安山岩	1.32	48.1	361	276	0.133	MK 5
安山岩	1.201	38.7	365	310	0.106	MK 5
玄武岩	0.9553	31.8	393	300	0.081	MK 5
安山岩	1.717	65.8	284	261	0.232	MK 4
安山岩	1.178	40.8	349	289	0.117	MK 4
玄武岩	1.185	40.4	350	293	0.115	MK 4
玄武岩	1.141	40.1	343	285	0.117	MK 4
玄武岩	0.7822	24.1	318	325	0.076	MK 4
安山岩	1.737	60.5	250	287	0.242	MK 3
安山岩	1.263	38.3	308	330	0.124	MK 3
安山岩	1.139	37.5	260	304	0.144	MK 3
安山岩	1.102	36.1	258	305	0.140	MK 3
玄武岩	1.000	27.6	308	362	0.090	MK 3
玄武岩	0.9223	24.4	307	378	0.079	MK 3
安山岩	1.553	56.5	238	275	0.237	MK 2
安山岩	1.415	47.7	360	297	0.133	MK 2
安山岩	1.201	44.9	275	267	0.163	MK 2
安山岩	1.009	33.1	279	305	0.119	MK 2
玄武岩	1.168	37.0	328	316	0.113	MK 1
玄武岩	0.7856	23.9	326	329	0.073	MK 1

Yanagi and Ishizaka (1978) から引用．

できるのであれば，噴出の順にカリウムは増加するはずである．カリウム濃度の大きな降下を合理的に説明できる仕組みは，恐らく大量の初生的玄武岩マグマが，既存のマグマに混入する以外にはないだろう．マグマのカリウム濃度は初生的玄武岩マグマの混入で下がり結晶作用で上がるから，結晶作用を続けているマグマに周期的に初生的玄武岩マグマが混入すると，マグマの組成は鋸歯状時間変化をするはずである．

　この形式の結晶作用が続くためには，マグマの供給と集積岩の搬出とが自然に継続する必要がある．図5-2に，地殻―マントル境界のマグマ溜りと集積岩ならびにマントルの湧昇流を示した．この仮想的構成の下で，高温物

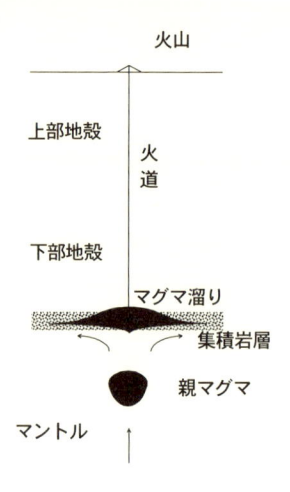

```
           火山
            ↑
 上部地殻    │
           火
           道
 下部地殻    │
         マグマ溜り
        ▬▬▬▬▬▬ 集積岩層
           ↑
         親マグマ

 マントル    ↑
```

図5-2 繰り返し親マグマの供給があるマグマ溜り
黒塗はマグマ，砂目は集積岩，矢印はマントルの湧き上がり．結晶作用でできた集積岩はマントルの矢印の流れでマグマ溜りから運び出されるとする．Yanagi and Ishizaka (1978) から一部改変．

質が深部から続いて上昇し，部分溶融し，できた液がマグマとしてまとまり，マグマ溜りに繰り返し入ると共に，マグマ溜りから集積岩が流れで運び去られ続けると，カリウム濃度の鋸歯状時間変化を原理的には説明できる．

5.1.2. 繰り返しマグマの供給があるマグマ溜りでの結晶作用

繰り返し親マグマの供給があるマグマ溜りでの結晶作用によるマグマ組成の時間変化を考えよう．時間とはマグマ供給の繰り返しの回数である．マグマと鉱物との間の微量元素の分配を鉱物中濃度 C_x とマグマ中濃度 C との比 D ($D = C_x/C$) で表し，D は一定としよう．親マグマの供給から次の供給までを1ステップとし，親マグマの毎回の供給量は一定でその量を単位量としよう．各ステップの最後に残るマグマの割合を F とし，F も一定としよう．さらに，各ステップにおいて，マグマ混合時にマグマの質量と微量元素量が共に保存され，結晶作用時に微量元素量が保存され，かつ鉱物とマグマとの間で化学平衡が常に維持されるとすると，n ステップの残留マグマ中濃度

C_n は D, F, C_0 を用いて次式で表せる．C_0 は親マグマ中濃度である．

$$C_n = \frac{C_0}{D} \cdot \frac{1-(F/A)^n}{1-F^n},$$

ただし $A = F + D(1-F)$.

F は 1 より小さいから n を限りなく大きくすると C_n は C_0/D に収束する．

$$C_\infty = C_0/D.$$

完全分別結晶作用の場合の n ステップの残留マグマ中濃度は，

$$C_n = C_0 \cdot \frac{F^D - F^{(n+1)D}}{1-F^D} \cdot \frac{1-F}{F-F^{n+1}}$$

となる．ステップを限りなく重ねると濃度は，

$$C_\infty = C_0 \cdot \frac{F^D}{1-F^D} \cdot \frac{1-F}{F},$$

と表され C_0, D, F で決まる値に収束する．平衡結晶作用，分別結晶作用のいずれの場合も必ず収束するから，定常状態への到達が確認されれば火山岩の組成変化は，ここに示した形式の結晶作用によると判断してよいだろう．

5.1.3. 定常状態

初生的玄武岩のカリウムは 0.2 ％前後（図 4-1）である．飯縄火山にはカリウム 0.24 ％の玄武岩がある．その Rb/Sr 比は 0.011，K/Rb 比は 664 で，いずれも初生的玄武岩の値である．マグマの組成変化はここから始まるとみられる．ステップごとのカリウムの変動範囲を飯縄，黒姫，妙高の順に見ると，飯縄火山ではカリウムは第 2 ステップで 0.2 ％から 0.8 ％まで，次は 0.7 ％から 1.0 ％まで，その次は 0.7 ％から 1.1 ％まである．黒姫火山では 0.4 ％から 1.6 ％まである．妙高火山（表 5-1）では最初 0.8 ％から 1.2 ％まで，次は 1.0 ％から 1.6 ％まで，その次は 0.9 ％から 1.7 ％まで，その次は 0.8 ％から 1.7 ％まで，さらにその次は 1.0 ％から 1.8 ％まである．妙高火山の各ステップのカリウムの変動範囲のピーク値は 1.2，1.6，1.7，1.7，1.8 ％で，最後の 3 個はほとんど一致している．ほぼ定常状態に達しているといえよう．

Rb/Sr 比の鋸歯状時間変化の定常状態への到達過程を図 5-3 に具体的に

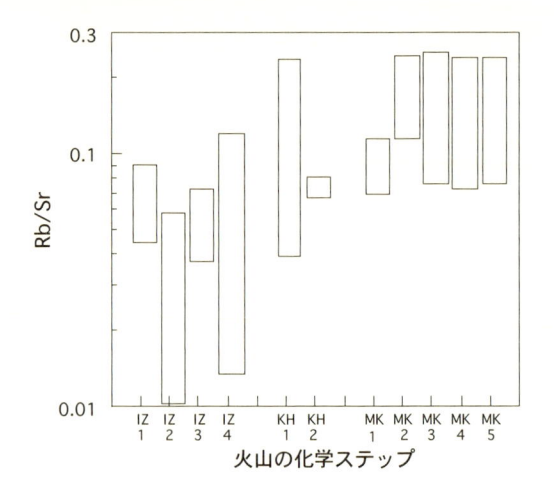

図 5-3 火山岩の Rb/Sr 比の変動範囲の化学ステップ順(時間)の変化
IZ は飯縄火山,KH は黒姫火山,MK は妙高火山を表す.Yanagi and Ishizaka (1978) から改変.

示した.図には各ステップでの変動範囲を示している.斜長石のかかわる結晶作用での Rb/Sr 比の挙動はカリウムに似て,結晶作用で増加し,玄武岩マグマの混入で下がる.飯縄火山では Rb/Sr 比は IZ 2 ステップの 0.011 から鋸歯状時間変化を経て IZ 4 ステップの 0.116 へ増加している.黒姫火山では 0.041 から 0.23 へ増加している.妙高火山でも鋸歯状変化を繰り返しているが,その変動は 0.07 と 0.24 の間に収まっていて,最後の 4 ステップの Rb/Sr 比のピーク値は 0.24,0.24,0.23,0.23 で一致している.妙高火山ではほぼ定常状態が実現している.モデルからくる要請と一致する事実である.

マグマの供給形式に違いはあるが,繰り返し親マグマの供給があるマグマ溜りと連続的に親マグマの供給があるマグマ溜りは共に開放系マグマ溜りである.それで妙高火山群で見た事実は初生的玄武岩マグマから上部大陸地殻の組成を作る仕組みが,これら火山の下にあることを示す証である.マグマ供給が連続する場合,定常状態で上部大陸地殻の組成が実現すると述べた.妙高火山では Rb/Sr 比が 0.23〜0.24 で,K/Rb 比が 260〜290 でほぼ定常状

表5-2 上部大陸地殻のK, Rb, Sr組成

No	K(ppm)	Rb(ppm)	Sr(ppm)	K/Rb	Rb/Sr	引用文献
1	20,700	90	357	230	0.25	Taylor (1965)
2	28,200	112	350	252	0.32	Taylor and McLennan (1985)
3	26,500	110	316	241	0.35	Shaw *et al.* (1986)
4	27,100	99	280	274	0.35	Condie (1993)[1]
5	22,200	85	276	261	0.31	Gao *et al.* (1998)[2]

1 侵食を復元した25～18億年前の上部大陸地殻.
2 東中国中央部上部大陸地殻（水，炭酸ガスを除いて計算）.

態に達している．これらの値はRb/Sr比で低い側に，K/Rb比で高い側に偏ってはいるが，共に表5-2の上部大陸地殻の値とほぼ一致する．Rb/Sr比やK/Rb比で判断する限り，マグマ組成は上部大陸地殻の組成に向かって変化し，最後にほぼそれに達したことが分かる．

5.1.4. 残る2つの課題

これまで溶岩は結晶作用中のマグマが噴出したものとして説明を進めてきたが，その後柵山 (Sakuyama, 1981) は，妙高および黒姫火山の溶岩を調査し，斜方輝石斑晶の逆累帯構造，斜長石斑晶組成の双峰頻度分布，カンラン石斑晶と斜方輝石斑晶の非平衡共存を発見し，既存のマグマに玄武岩マグマが混入する時溶岩は噴出したとした．その後同じ事例が桜島や雲仙その他の火山から多数確認された．マグマ混合の研究から，結晶分化を続けるマグマに繰り返し玄武岩マグマの供給があることは確定的となった．溶岩組成の鋸歯状時間変化の説明に用意した開放系マグマ溜りモデルを確定するものである．他方，妙高火山のステップ内の溶岩噴出順序は結晶作用による組成変化に対応し，特異な例となった．

もう1つ問題がある．溶岩の鉱物組成がマグマ溜りのあり得る深さに限りがあることを示している．玄武岩は斜長石とカンラン石の両斑晶を含んでいる．両鉱物が共存できる圧力は無水で約0.8 GPa以下で，水分を含むとさらに下がる．このため妙高火山付近の厚い地殻 (30数km) とマントルとの境界にマグマ溜りを置くことはできない．図5-2でマグマ溜りを地殻―マント

ルの境界に置いた理由は親マグマの供給と集積岩の搬出をマントルの対流に負わせるためである．この供給と搬出は不可欠だからマグマ溜りを地殻の中に置くためには両機能を自然にかつ継続的に維持できる仕組みを考えなければならない．これは開放系マグマ溜りの存否に直結する問題である．この問題は桜島火山の研究によって解明された．その内容については第6章で詳しく説明する．

5.2. 火山岩の進化の上限と上部大陸地殻の組成

5.2.1. Rb/Sr 比の増加の上限

火山岩の化学組成が上部大陸地殻の組成に至るまで進化することは，特異な例か，島弧火山に一般的なものか調べる必要がある．妙高火山は典型的な島弧火山だから，同じことが他の島弧火山でも恐らく見られるに違いないと思えるわけだが，探す時に注意が必要である．溶岩組成の鋸歯状時間変化が必ず定常状態に達するというわけではなく，親マグマの供給が止まれば Rb/Sr 比の増加は途中で止まる．Rb/Sr 比が 0.23 に達しない飯縄や黒姫火山はその例だろう．当然，山体体積は小さいはずである．比べてみると妙高火山の $50\ km^3$ に対して，飯縄は $25\ km^3$，黒姫は $15\ km^3$（第四紀火山カタログ委員会，2002）で，どちらも小さい．定常状態に達する前に親マグマの供給が止まったとみられる．

Rb/Sr 比の収束値を確認するため，その鋸歯状時間変化を確かめることは望ましいが，それには全溶岩の噴出順序とルビジウムとストロンチウムの含有量とが必要である．しかし，その条件を満たす例は極めて少ない．それでも組成の測定件数が多い火山はあるから，火山ごとの変動範囲は確認できる．その例を図 5-4(a) に示した．多良（Ogata, 1993），雲仙（Sugimoto, 1999），御嶽（Kimura and Yoshida, 1999），赤城（Notsu *et al.*, 1985），安達太良火山（Fujiwara, 1988）のいずれの変動範囲も下端は約 0.01，上端は約 0.3 にあり，それぞれ同じである．下端の一致はいずれの火山の親マグマも同じであることを示し，上端の一致は共通の上限値があることを意味しよう．重要な

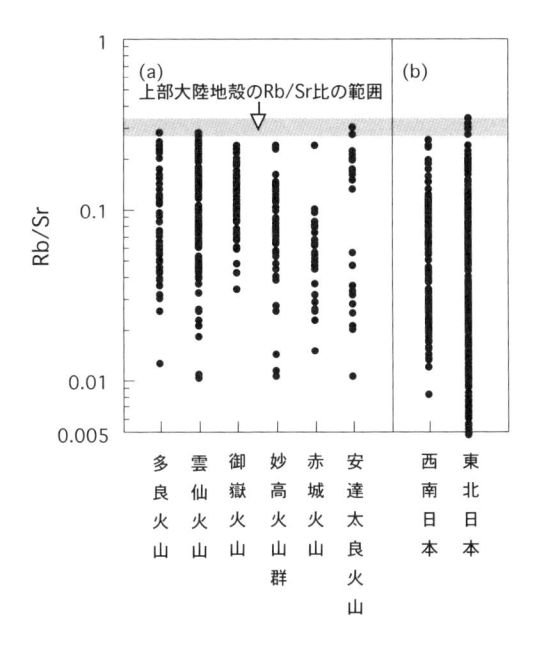

第5章　島弧火山のマグマの組成変化の仕組み

図5-4　火山(a)や地域(b)で観測される火山岩の Rb/Sr 比の変動範囲
雲仙火山で島原半島を代表. (a)のデータは Ogata (1993), Sugimoto (1999), Yanagi and Ishizaka (1978), Kimura and Yoshida (1999), Notsu *et al.* (1985), Fujiwara (1988), その他による.

ことは上端値が異なる火山で一致することと，それが上部大陸地殻の見積り範囲（0.25〜0.35）にあることである．これらの事実は妙高火山と同じ機構がどの火山でも作用していることを意味しよう．

　個々の火山での測定件数は少ないが，西南日本や東北日本でまとめるとかなりの数になるから地域での変動範囲を限ることができる．それを図5-4(b)で示した．西南日本の場合は図(a)の場合と一致している．東北日本では少し違う．下端が0.005にあって，低アルカリソレアイト質玄武岩の存在を反映している．しかし，上端は約0.3にあって，図(a)の火山の上端とほぼ一致している．下端が違いながら上端が一致するとは不思議に思えるが，後で理解できることだから説明は避けることにする．

元の話題にもどる．まとめると日本列島の成層火山の Rb/Sr 比の増加は，初生的玄武岩の値に始まり，十分に成長したどの成層火山でも 0.23〜0.35 に達して止まる．0.23〜0.35 は上部大陸地殻の値である．これらのことは結晶作用の仕組みがいずれの火山でも同じであって，繰り返し親マグマの供給があるマグマ溜りでの結晶作用であることを意味しよう．

5.2.2. マグマ進化の上限と上部大陸地殻の組成

結晶分化の時のルビジウムとストロンチウムの挙動を理解するためには，比のみならず組成変化を見る必要もあるから，図 5-5 に第四紀火山岩の組成を示した．結晶分化には 2 つ向きがある．両元素が同時に増え Rb/Sr 比がほぼ一定に保たれる向きと，ルビジウムは増えストロンチウムの変化は抑えられ Rb/Sr 比が急増する向きである．そのため分布の左下にある火山岩ほどより初生的である．まず前者に関して，ストロンチウムには 150 ppm か

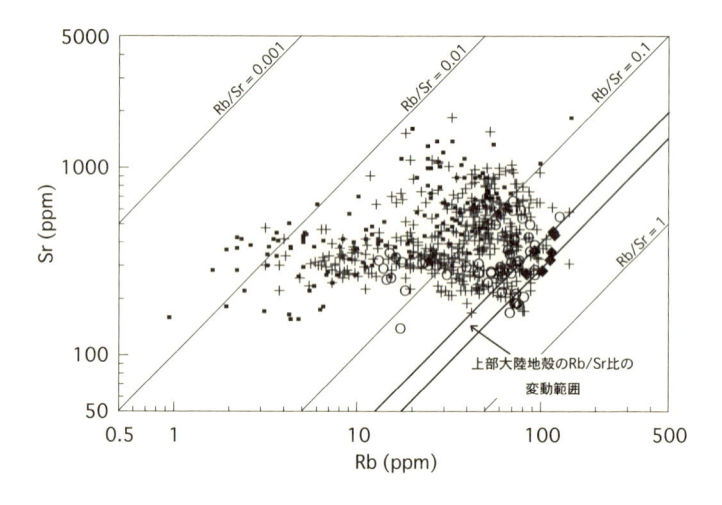

図 5-5　日本列島の主に第四紀の火山岩の Rb, Sr 組成
　　　　■は玄武岩，＋は安山岩，○はデイサイト．◆は Hurley et al.（1962），Taylor（1965），Shaw et al.（1986），Condie（1993），Taylor and McLennan（1985, 1995），Wedepohl（1995），Gao et al.（1998）の上部大陸地殻の化学組成．データを追加して Yanagi and Yamashita（1994）を改変．

ら1,500 ppm まで開きがある．これはマントルの部分溶融とそれに続く苦鉄質珪酸塩鉱物の結晶作用によるもので，この間に主成分組成はソレアイト質玄武岩，高アルミナ玄武岩を経てアルカリカンラン石玄武岩へ変わる．次に後者に関して，0.01付近から0.2〜0.3へのRb/Sr比の増加は斜長石を伴う結晶作用によるものである．その組成変化は分別結晶作用（図4-4）とは異なり，ストロンチウムをほぼ一定に保ちながらルビジウムが濃縮することで実現している．火山岩分布の下辺にその特徴が現れている．この型の組成変化も，約100 ppmでルビジウムの濃縮が止まることも，共に開放系マグマ溜りでの結晶作用に特徴的な現象である．

　上部大陸地殻の組成は火山岩分布の右端にある．火山岩の分布は，左下の初生的火山岩から右端の上部大陸地殻まで，換言すると初生的マグマから上部大陸地殻組成のマグマに至るまでの間に限られている．先に開放系マグマ溜りでの組成変化を把握するために火山調査の必要性を述べたが，図5-5の火山岩の分布は火山岩の全体がまさにその役割を果たしていることを示している．

　さて，ここで例外について述べておく必要があろう．大規模火砕流噴出物に含まれる軽石や本質レンズは0.35より大きいRb/Sr比を持ち，化学組成は定常状態を超えて分別結晶作用してできるマグマ組成の特徴を持つことがある．マグマ溜りが地殻の非常に浅いところに達したことによるのかもしれないが，いずれにしても将来解明されるべき課題である．

5.2.3. 地殻の同化とその影響

　マグマは高温だから多少とも周囲の岩石を溶かし込むはずである．これまでの議論がそれで左右されるか否か調べる必要があろう．

　Rb/Sr比がマントルの17倍ある上部大陸地殻の$^{87}Sr/^{86}Sr$比はマントルより高く，同化すれば同化量に応じてマグマの$^{87}Sr/^{86}Sr$比は上がるから，火山岩の$^{87}Sr/^{86}Sr$比を測れば同化を検出できるはずである．下部地殻の方がより高温のマグマに接するから，それについても考えよう．西南日本の玄武岩溶岩と一緒に噴出した下部地殻の岩片の$^{87}Sr/^{86}Sr$比は，マントルの値より高

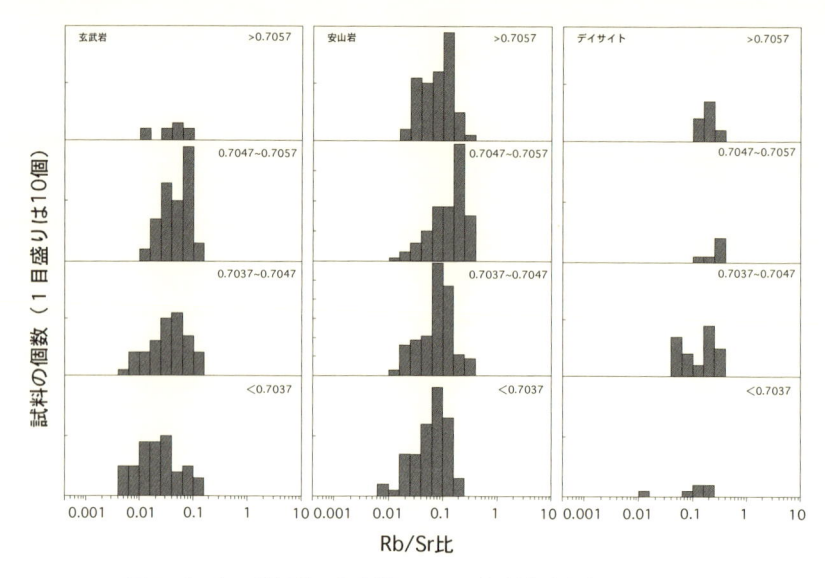

図5-6 主に第四紀の火山岩のRb/Sr比頻度分布と$^{87}Sr/^{86}Sr$比

く0.704〜0.707だから，上下いずれの地殻を同化してもマグマの$^{87}Sr/^{86}Sr$比は上がることになる．

　上部地殻の同化はマグマのRb/Sr比の増加として現れ，Rb/Sr比が初生的玄武岩より低い下部地殻の同化は，マグマのRb/Sr比に有意な影響を与えないはずである．それで$^{87}Sr/^{86}Sr$比の増加に応じたRb/Sr比の増加の有無で，どちらを同化したか分かるはずだから，図5-6では$^{87}Sr/^{86}Sr$比で火山岩を0.7037以下，0.7037〜0.7047，0.7047〜0.7057，0.7057以上に分けてRb/Sr比の分布を比較した．図のいずれの火山岩にもRb/Sr比の系統的増加を認めることはできない．高い$^{87}Sr/^{86}Sr$比があるから同化は確実だが，それに呼応したRb/Sr比の変化は無視できるほど小さい．同化は主に下部地殻に対して起こったと判断され，これまでの議論に影響を与えないことを確認できる．

第6章　島弧火山のマグマ溜りの構造と作動

6.1. 地殻の中の開放系マグマ溜り

　図5-2に代わる地殻の中の開放系マグマ溜りについて考えよう．火山とその周辺の地面は静穏時に穏やかに隆起し，噴火直後に沈降し，その後再び緩やかに隆起することが確認されている．沈降は噴火に伴うマグマ溜りの圧力降下を，隆起はマグマ供給に伴う圧力上昇を反映すると解されている．大正噴火直後に観測された桜島周辺の沈降は，マグマ溜りの圧力降下に負うものと考え，茂木（Mogi, 1958）はその位置を桜島の北，錦江湾中央の地下10 kmに推定した．そのマグマ溜りへマグマの供給が今も続いている（加茂・石原，1980）．桜島は典型的な島弧火山で，島弧火山のマグマ溜りはこれまでの調べで開放系マグマ溜りとみられるから，このマグマ供給はその1局面を示すものだろう．桜島火山から K_2O 2.4％のデイサイトが噴出しているが，開放系マグマ溜りでの結晶作用で初生的値（約0.2％）から K_2O がここまで濃縮するためには，マグマの供給と結晶作用が相当な回数繰り返していなければならない．その間に大量のマグマが供給され，同量の集積岩が運び出されたはずである．だとすると開放系マグマ溜りに関する必要な情報を，桜島火山が提供してくれると期待される．そのマグマ溜りについての研究（Yanagi *et al.*, 1991）を紹介しよう．

6.1.1. 溶岩組成変化の規則性

まず火山の概要を福山・小野（1981）と小林（2002）によって紹介しよう。桜島は25,000年前の巨大噴火でできた姶良カルデラの南縁に成長した後カルデラ丘で，23,000年前に現れたと推定されている。記録にある有史時代の4噴火は1475～1476年の文明噴火，1779年の安永噴火，1914年の大正噴火，1946年の昭和噴火である。文明噴火では北東と南西の側火口から0.49 km^{3}の溶岩，安永噴火では南と北の側火口から1.7 km^{3}の溶岩，大正噴火では東と西の側火口から1.34 km^{3}の溶岩，昭和噴火では東側の側火口から0.18 km^{3}の溶岩が流出した（石原ら，1981）。また1955年から1990年代まで断続的に火山灰の噴出が続いた。その総量は昭和溶岩をしのぐとみられている。

マグマ溜りで何が起こっているか溶岩を調べれば分かるはずである。この時マグマ溜りの頂部から最初に噴出する噴火物は，検討から外すことにしよう。一般にマグマは結晶作用でMgOに乏しく，K$_2$Oに富むようになるはずだが，MgOは古い溶岩に少なく噴火順に増え，逆にK$_2$Oは古い溶岩に多く噴火順に減り，共に予想とは逆の時間変化をしている。その仕組みを考えてみよう。

妙高火山の溶岩組成の鋸歯状時間変化で，K$_2$Oの減少は玄武岩マグマの混入によると分かった。桜島でも同じだとすると，玄武岩マグマに入っていた斜長石斑晶と，既存のマグマに入っていた斜長石斑晶の両方が溶岩にあるはずである。そのことを確かめるために用意したのが図6-1の斜長石斑晶の組成頻度分布図である。この頻度分布は複雑だが，大局的にはAn$_{83}$とAn$_{57}$にピークがある双峰頻度分布を示している。それぞれピークの位置は固定していて，高さが溶岩ごとに変わっている。An$_{83}$ピークは文明溶岩で最も低く噴火順に高くなり，An$_{57}$ピークは文明溶岩で最も高く噴火順に低くなっている。玄武岩マグマの混入から期待される組成頻度分布の時間変化である。

両ピークの高さと溶岩のK$_2$Oとの間には直線相関があり，An$_{83}$ピークが高いほどK$_2$Oは少なく，An$_{57}$ピークが高いほどK$_2$Oは多い。図6-2に示す通り溶岩のK$_2$OとT.Fe$_2$O$_3$（全鉄をT.Fe$_2$O$_3$と表示），CaO，SiO$_2$それぞれとの間にも直線相関がある。この3つの対応から混合する2つのマグマの組

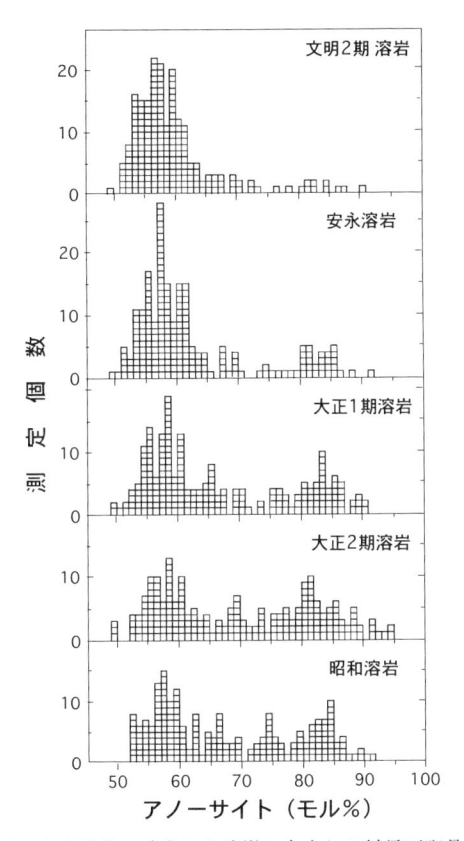

第6章 島弧火山のマグマ溜りの構造と作動

図6-1 桜島火山の有史時代に噴出した溶岩に含まれる斜長石斑晶の組成頻度分布 Yanagi *et al.*（1991）から一部改変．

成を決めることができる．既存のマグマは An_{83} ピークの斜長石斑晶を欠くはずだから，その K_2O は K_2O と An_{83} ピークとの相関を An_{83} ピークの高さが零になるまで外挿して 2.61 %と決まる．これと図6-2の相関から主成分組成が表6-1の通り決まる．また玄武岩マグマは An_{57} ピークの斜長石斑晶を欠くはずだから，その K_2O は K_2O と An_{57} ピークとの相関を An_{57} ピークの高さが零になるまで外挿して 0.71 %と決まる．再度図6-2の相関から組成が表6-1の通り決まる．既存のものはデイサイトマグマ，他は玄武岩マグマであると確認できる．

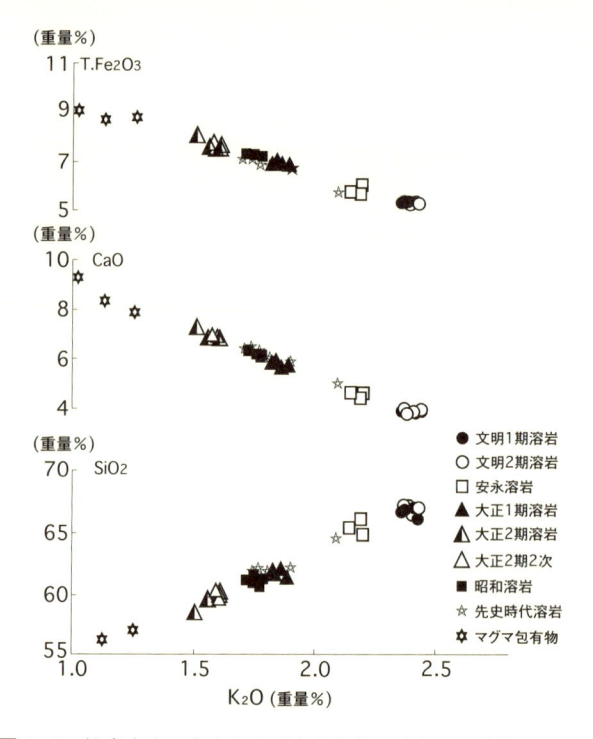

図6-2 桜島火山の先史および有史時代に噴出した溶岩の K_2O と他の酸化物との相関

Yanagi et al. (1991) から一部改変.

表6-1 混合対のマグマの化学組成 （単位は重量%）

	デイサイトマグマ	玄武岩マグマ
SiO_2	68.88	51.94
TiO_2	0.76	0.85
Al_2O_3	14.62	18.77
T. Fe_2O_3	4.8	9.97
MnO	0.14	0.19
MgO	0.47	5.35
CaO	3.04	10.12
Na_2O	4.21	2.36
K_2O	2.61	0.71
P_2O_5	0.22	0.12
合計	99.75	100.38

T. Fe_2O_3：全鉄を T. Fe_2O_3 と表示.

6.1.2. 溶岩組成に現れた噴火の規則性

噴火の順番と溶岩組成との間の規則性を紹介しよう．文明，安永，大正，昭和噴火を順に1, 2, 3, 4番として図6-3に溶岩のK_2Oを示し，同時に既存のデイサイトマグマのK_2Oを縦軸上に示すと，大正溶岩を除き，溶岩のK_2Oは噴火順に規則的に減少していることが分かる．大正溶岩については斜長石斑晶について述べた後で説明しよう．

図6-4に斜長石斑晶量の噴火順変化を示した．大正と文明の両噴火では溶岩噴出が数回起こっているから順に1, 2……の添え字でそのことを示した．図を見ると各噴火の最初に噴出した溶岩の斑晶量は噴火順に規則的に増加することが分かる．この増加は玄武岩マグマの斑晶量の多さを意味しよう．大正と文明の両噴火では共に1, 2と噴出順に斑晶量が増えている．この増加は玄武岩マグマの混入割合の増加を意味するから1, 2と噴出が断続する場合2回目以降ではマグマが十分に混合する前に噴出したとみえる．溶岩噴出の開始時点で比較的多く，噴出が継続するにつれて急速に減少し最低値を経過した後，噴火開始から約1年後，溶岩噴出が停止する頃に初めの水準にまで回復する大正溶岩について観察されるK_2Oの変化も混合が不十分

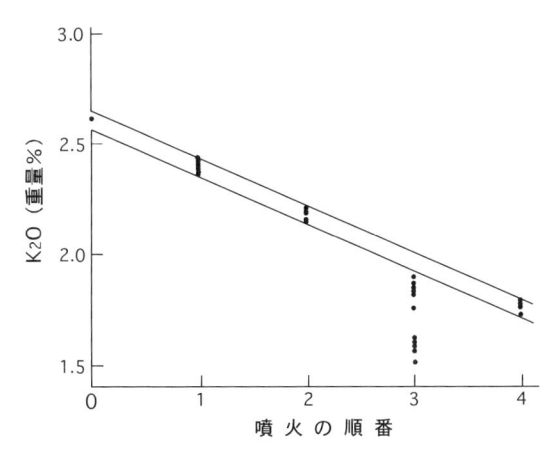

図6-3 桜島火山の有史時代の噴火の順番と溶岩のK_2O含有量
Yanagi *et al.* (1991) から一部改変．

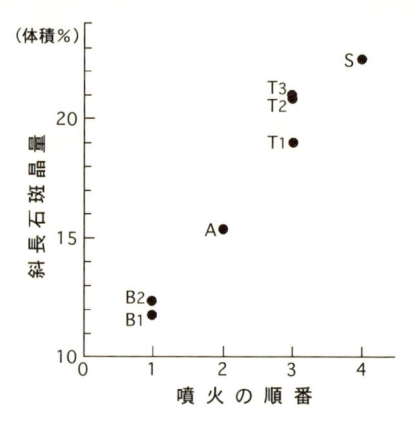

図 6-4 桜島火山の有史時代の噴火の順番と溶岩に含まれる斜長石斑晶量
B_1, 文明1期溶岩；B_2, 文明2期溶岩；A, 安永溶岩；T_1, 大正1期溶岩；T_2, 大正2期溶岩；T_3, 大正2期溶岩から流出した2次溶岩；S, 昭和溶岩．Yanagi et al. (1991) から一部改変．

であったためと判断される．

　混合する2つのマグマと溶岩の化学組成から，玄武岩マグマが混入し，マグマ量がどれだけ増加すると噴火するか，その量を算出できる．ある噴火の時のマグマの質量を M_n，K_2O を $(K_2O)_n$，1つ前の噴火の時のマグマの質量を M_{n-1}，K_2O を $(K_2O)_{n-1}$，玄武岩マグマの K_2O を $(K_2O)_p$ とすると，(M_n-M_{n-1}) は玄武岩マグマの混入量であるから，マグマ混合に際し K_2O が保存されると，マグマ溜りの質量比 M_n/M_{n-1} は次式で与えられる．

$$M_n / M_{n-1} = \{(K_2O)_{n-1} - (K_2O)_p\} / \{(K_2O)_n - (K_2O)_p\}.$$

　マグマ溜りのマグマは噴出した溶岩で代表されるとし，大正噴火に関しては図6-3の関係を内挿し K_2O を求めて，噴火ごとの質量比を計算すると，それは 1.16 ± 0.03 でほぼ一定している．これを受け入れるためには一定になるわけを知る必要がある．ここで大切なことは，マグマ混合に際しマグマの水は保存されることである．そのため質量比は，玄武岩マグマの含水量 $(H_2O)_p$ と噴火直前のマグマの含水量 $(H_2O)_{max}$，ならびに噴火終了後のマグ

マの含水量 $(H_2O)_{min}$ を用いて，次式でも表せる．

$$M_n / M_{n-1} = \{(H_2O)_p - (H_2O)_{min}\} / \{(H_2O)_p - (H_2O)_{max}\}.$$

これで質量比を決めているのは噴火前後のマグマの含水量であって，それぞれが安定していれば質量比は一定になることが分かる．

6.1.3. マグマ供給系の構造

質量比が 1.16 ± 0.03 で一定であることは，マグマ溜りが噴火ごとに一定の割合で拡大していることを示す．その拡大倍率は，既存のマグマの質量を基準にすると，噴火の順に 1.2, 1.3, 1.6, 1.8 倍である．1955 年以降の噴火時の倍率は噴出物の化学組成（荒牧，1980）から 2.1 倍と求まる．地下約 10 km のマグマ溜りは地殻の 1/3 の深さにあり，そこからマントル表面まで 20 km 余りの距離がある．そのマグマ溜りが 2.1 倍までも拡大している．

もう1つ重要な事実がある．先史時代の溶岩は図6-2で有史時代の溶岩と同一線上にあり，有史時代と同じことが先史時代にも起こっていたことを示している．すなわちマグマ溜りは次のような経過を経てきたことになる．

表6-1と同じ組成の先史時代のデイサイトマグマに同表と同じ組成の玄武岩マグマが混入し，噴出したのが先史時代の溶岩で，図6-2には安永溶岩，大正溶岩，昭和溶岩相当のものがある．混入終了後の結晶作用で再びデイサイトマグマができた後，再度玄武岩マグマが混入して有史時代の溶岩の噴出に至ったことになる．

まさに結晶作用とマグマ供給が繰り返すマグマ溜りとみられるが，しかし，それを間接的にも視認することはできないから，許される範囲で想像し，妥当なものを採用する以外に道はないだろう．マグマの供給が繰り返し，供給の時に機を合わせて拡大し，マグマ溜りは2倍にもなり得る仕組みは，恐らく図6-5の構成以外にはなかろう．それは上下各1つのマグマ溜りと，それらをつなぐシリンダーとプラグで構成され，上位マグマ溜りは地殻の中に，下位マグマ溜りは地殻―マントル境界にあるとすると，マントルから供

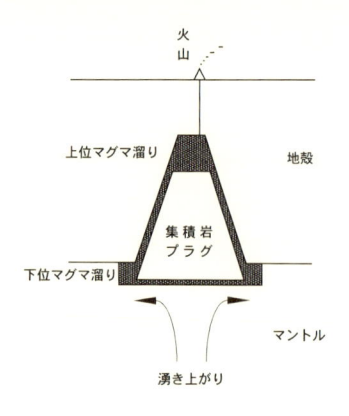

図6-5 桜島火山の上下組になったマグマ溜り
Yanagi *et al.* (1991) から一部改変.

給されるマグマが下位マグマ溜りにたまり次第プラグが沈降を始め，下位マグマ溜りのマグマはシリンダーとプラグとの隙間を通って上位マグマ溜りに移動することになる．移動に必要な空間は，プラグの沈降で上位マグマ溜りと，シリンダーとプラグとの間に過不足なくできる．この構成であれば上位マグマ溜りにマグマを供給することも，マグマ溜りが2倍に拡大することもできる．しかし，これではマグマ供給を繰り返せない．工夫が必要である．下位マグマ溜りの底にマントルの湧昇流が接していると（図6-5），それがマグマを供給し同時に下位マグマ溜りの底に着いたプラグを削り出すから，マグマが下位マグマ溜りにたまり次第プラグの沈降は再開できる．この構成であればマントルからマグマの供給が続く限り上位マグマ溜りにマグマを供給し続けることができるし，上位マグマ溜りでできる集積岩をマントルへ運び出し続けることもできる．湧昇流と接した構成が上下組になったマグマ溜りの基本モデルである．

次に噴火の繰り返し時間の規則性からプラグの形について考えよう．有史時代の噴火の間の静穏な期間は，303, 135, 32, 14年と短くなるが，その間のマグマの組成変化は一定だから，マグマの移動速度は加速度的に増えているはずである．それが自然に起こる仕組みは，プラグを台形にすることであ

る．台形であれば沈降に伴ってシリンダーとプラグの隙間が広がり，マグマの移動が容易になり，プラグの沈降が加速度的に速くなるはずである．

　次に作動様式を説明しよう．下位マグマ溜りにたまった直後の初生的玄武岩マグマの密度は高いから，プラグは最初沈降しないだろう．結晶作用でマグマの密度が下がるとプラグの沈降が始まり，同時に下位から上位マグマ溜りへマグマの移動が始まろう．その時のシリンダーとプラグとの隙間は狭いから，移動には時間がかかる．水分を含んだ玄武岩マグマの流入で上位マグマ溜りの含水量が増え，水蒸気圧が閾値に達すると火山は噴火しよう．その結果水蒸気圧は急減し，噴火は停止し火道は閉ざされよう．噴火の停止とはかかわりなくプラグの沈降は続き，玄武岩マグマの移動は続くから，上位マグマ溜りの水蒸気圧は上昇して閾値に達し，再び火山は噴火することになろう．このようにプラグの沈降が続く限り，火山噴火は繰り返すだろう．次第にシリンダーとプラグとの隙間が広がりマグマの移動は容易になるから，その繰り返しは早まり，ついには連続することにもなるだろう．

　次に玄武岩マグマの混入の継続期間を見積ってみよう．火山活動は静穏な期間が303, 135, 32, 14年と短くなってきている．いまこの経過を過去に向かって外挿すると，文明噴火の約550年前に起点が定まる．恐らく玄武岩マグマの混入が始まった時だろう．溶岩のSiO_2は噴火ごとに減少し，1955年以降に噴出した火山弾の値は桜島溶岩の中で最少値に近いから，一連の噴火は終了したのかもしれない．そうだとすると混入は約1,000年間続いてきたことになる．

　玄武岩マグマがマグマ溜りに入っても，既存のマグマと自然に混ざるとは思えないが，しかし，桜島の溶岩は組成が均一でよく混ざっている．恐らくかき混ぜられているのだろう．そのことを調べてみよう．

　磁鉄鉱の密度は$5.2\,g/cm^3$，単斜輝石や斜方輝石の密度は$3.2〜3.4\,g/cm^3$，斜長石の密度は$2.7〜2.75\,g/cm^3$で，マグマの密度は$2.4〜2.6\,g/cm^3$だから，斑晶は早々に沈んでなくなるはずであるにもかかわらず，溶岩は斑晶を多数含んでいる．そのような斑晶の密度と最大粒径との関係を図6-6に示した．粒径とは長辺と短辺の調和平均である．最大粒径は，20ミクロン以上

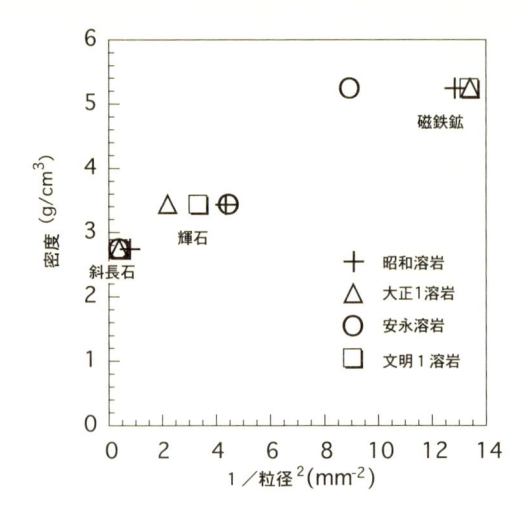

図6-6 桜島火山の有史時代に噴出した溶岩に含まれる斑晶鉱物の最大粒径と密度との相関

の結晶について，大粒径の斑晶から小粒径の結晶に向かって取った相対積算数頻度が，0.5％のところの粒径とした．最大粒径の斑晶は少ないからデータの横軸方向には大きな誤差（±40％）がある．それでも密度 $2.6\,\mathrm{g/cm^3}$ を起点に密度と粒径の逆2乗とはほぼ比例していることが分かる．密度の小さい斑晶は大きく，密度の大きい斑晶は小さいことを示す．これはマグマがかき混ぜられていることを意味しよう．理由は次の通りである．

いま，球状斑晶がマグマの中を沈降し終端沈降速度に達したとすると，斑晶に働く重力と，浮力と粘性抵抗力とが均衡しているから，斑晶とマグマの密度をそれぞれ ρ_x と ρ とし，斑晶の直径を d，マグマの粘性率を η，斑晶の終端沈降速度を v，重力の加速度を g とすると粒径と密度との間の関係は，

$$\rho_x = \frac{18\eta v}{gd^2} + \rho,$$

と表され，密度差と粒径の逆2乗とは比例する．これは溶岩の斑晶について見たことである．静かなマグマの中では斑晶は沈殿してしまうわけだが，実

際は浮遊しているから噴火に際し溶岩に含まれて出てきたわけで，観察事実はマグマが流動していて，その上向きの速度成分が斑晶の沈降速度に釣り合っていることを意味しよう．言い換えるとマグマはかき混ぜられていると言えよう．恐らく巨大なプラグの沈降がこの運動状態を作り出しているのだろう．

6.1.4. 斜方輝石斑晶の組成頻度分布

低密度の斜長石は大斑晶として長期にわたる情報を記録するが，高密度の磁鉄鉱は早々に沈殿するから，噴火直前の情報しか記録していないはずである．ここでは斜方輝石斑晶のもたらす情報が斜長石斑晶とは異なることを紹介しよう．

図6-7の横軸にMg値を，奥行きに石基のT.FeO/MgO比を，上向きに個数を取って斜方輝石斑晶の組成頻度分布を示した．破線は石基と化学平衡にある斜方輝石斑晶の取るべき組成を示す．図の奥から手前に向かって文明2期，安永，大正1期，昭和，大正2期の溶岩からの斑晶を配列し，白色ブロックは正累帯構造，網かけブロックは逆累帯構造の斑晶の中心組成を示し

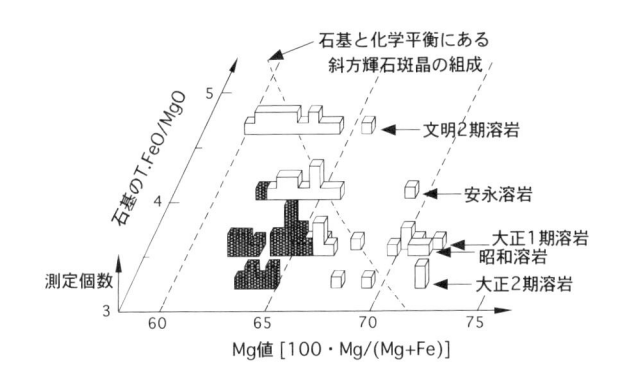

図6-7 桜島火山の有史時代に噴出した溶岩に含まれる斜方輝石斑晶の組成頻度分布

網かけは逆累帯構造の斜方輝石，白色は正累帯構造の斜方輝石．Yanagi *et al.* (1991)から一部改変．

た．安永，大正，昭和の溶岩の斑晶の組成（Mg 値 62〜67）が，文明溶岩のもの（Mg 値 60〜64）とずれている事実や，文明と安永の溶岩が石基と化学平衡にあるものを多く含み，大正と昭和の溶岩が石基と化学平衡にあるものをほとんど欠く事実は，斜方輝石の結晶作用がマグマ混合と並行して進行していて，その影響が噴火に至るまでの休止期間の長短に依存することを示す事実である．約 1,000 年間もマグマ混合が続くわけだから結晶作用は不可避のことである．

6.2. 上下組になったマグマ溜り形成の必然性

上下組になったマグマ溜りはマントルの湧昇流と組み合わさって，島弧火山の開放系マグマ溜りとして地殻とマントルとの間の物質交換を担うが，ここではそのような仕組みができる理由を説明しよう．

マントル中を上昇してきたマグマは地殻の底にたまりマグマ溜りを作る．そこにはマグマが繰り返し供給されるから天井は加熱され溶け続ける．同時にマグマからは結晶が，天井からは溶け残りがマグマ溜りの底に堆積し続ける．その結果マグマ溜りは地表に向かって移動することになる．集積岩層は，薄い間はその下にマントルからのマグマがたまると壊れてマグマの中に沈み込むが，厚くなると壊れることはなく，マントルからのマグマはその下にたまることになる．上下組になったマグマ溜りの誕生である．繰り返しマグマが供給されるから，上位マグマ溜りは天井を溶かしつつ上昇し続けるが，下位マグマ溜りは常に集積岩層とマントルとの境界にできるからプラグは次第に厚くなる．

結晶作用に関してさらに重要な意味がある．マグマの供給を繰り返し受けながら結晶作用が継続するためには，マグマが運び込む熱量以上の熱量をマグマ溜りは放出し続けなければならない．そのためにはマグマ溜りはより低温の領域へ移動し続けなければならない．それで持続的冷却は可能となる．それが実現するわけは，地殻のソリダス温度がマグマのそれとほぼ等しいことにある．マグマが繰り返し供給されると地殻を同化しつつマグマ溜りは上

昇し続ける結果，結晶作用が継続し低温のマグマができることになる．地殻の同化は不可避の過程である．

6.3. 下部地殻の同化とマグマの組成変化経路

このように下部地殻の溶融は不可避だから，それが溶けてできる液の化学組成と，そのマグマへの影響を考えることにしよう．

下部地殻の化学組成は，下部地殻の破片がしばしば玄武岩マグマと一緒に噴出するから知ることができる．主にはんれい岩，ノーライト，輝岩からなり，その平均組成は SiO_2 48.8 %，TiO_2 1.3 %，Al_2O_3 17.7 %，T. FeO 9.9 %，MnO 0.2 %，MgO 8.0 %，CaO 11.4 %，Na_2O 2.4 %，K_2O 0.3 %，P_2O_5 0.1 %である．1 GPa 程度の圧力での液相面鉱物は単斜輝石（SiO_2 50～53 %），斜方輝石（SiO_2 53～55 %），斜長石（SiO_2 48～53 %）だから，溶け残る物質の SiO_2 は下部地殻より多い．当然液は SiO_2 が少なく，玄武岩質である．水分があると最初角閃石（SiO_2 約 40 %）が溶け残るから低温でデイサイト質液ができるが，マグマ溜りの天井の溶け残りは底に沈殿しても玄武岩マグマの温度に達するまで加熱され続ける結果，結局溶けてできる液は玄武岩質になる．

また，玄武岩質集積岩からなる下部地殻の部分溶融で液がたどる主成分組成経路は，結晶作用でマグマがたどる道筋の逆だから，同化でマグマ経路が変わることはない．液相濃縮微量元素の液中濃度は溶融割合が小さいとマグマと等しくなるが，増えれば下がる．他方同化は結晶作用を促進しマグマ中濃度を上げるから，両効果が相殺して同化をマグマ組成からつかむことは難しい．しかし，同化はマグマの進化にかかわる．開放系マグマ溜りでの入力は親マグマの供給，出力は集積岩の搬出と説明したが，同化を伴う場合同化は入力の役割を果たす．そのためその収束組成に与える影響について検討が必要である．

開放系マグマ溜りが地殻の中を上昇し続けることで結晶作用は維持され，マグマの温度は下がることになるが，あまり下がると親マグマが供給されて

も地殻を有意に同化できなくなる．その時定常状態の収束組成は親マグマの組成で決まる．次節で関連する事実を紹介しよう．

6.4. 火山岩に見る下部地殻の同化

地殻を同化しつつマグマ溜りが上昇することは，親マグマが繰り返し供給されることの必然的結果だが，そのことを受け入れるためには事実が必要であるからその例を示そう．

西南日本の上部および下部地殻の $^{87}Sr/^{86}Sr$ 比は共にマントルの値より高いから，火山岩の $^{87}Sr/^{86}Sr$ 比を追跡することで同化をとらえることができる．金峰火山（Yanagi et al., 1988）を例に説明しよう．

熊本市の西の金峰火山は約 100 万年前に活動した成層火山で主に安山岩で構成される．噴出物は古い方から松尾火山期，古金峰火山期，三ノ岳火山期，二ノ岳火山期の火山岩にまとめられる．図 6-8 に火山岩についての測定結果を示した．組成の異なる 2 つのマグマが混合してできる混合物は，この図

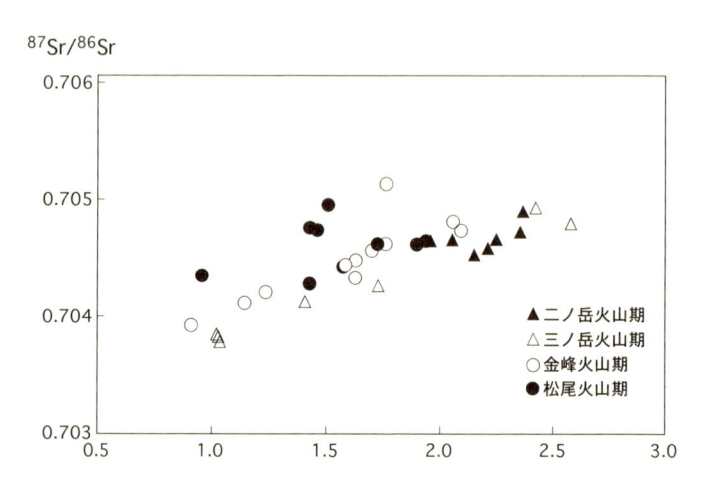

図 6-8 金峰火山の火山岩の 1/Sr と $^{87}Sr/^{86}Sr$ 比との相関
　　　　Yanagi et al.（1988）から一部改変．

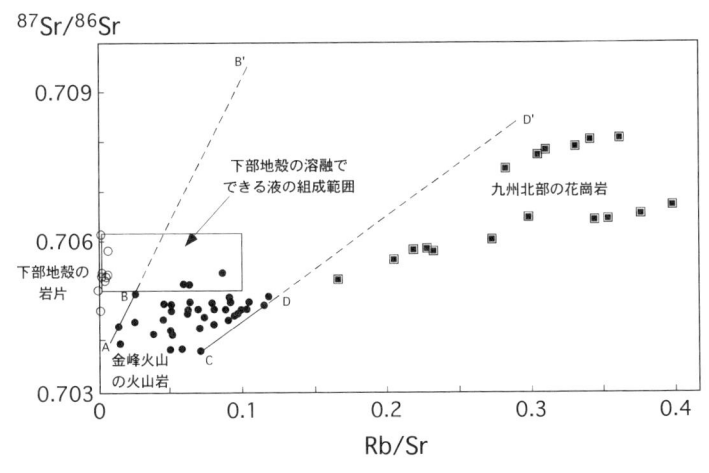

図 6-9 金峰火山の火山岩の Rb/Sr と $^{87}Sr/^{86}Sr$ 比
Yanagi *et al.*（1988）から一部改変.

では両者を結ぶ直線上に配列する．解析しやすいからこの座標を採用した．2, 3 例外はあるが図を見ると活動期ごとに火山岩類は直線状の配列をなし，配列線の $^{87}Sr/^{86}Sr$ 比は古いもので高く，若いもので低く，活動期順に下がっていることが分かる．

　直線的配列は 2 つのマグマの混合でできたとみられるから，まず，それぞれを確認しよう．火山岩のなす配列線は，外挿すると全てストロンチウム 1,200 ppm, $^{87}Sr/^{86}Sr$ 比 0.7037～0.7040 付近に収束する．この $^{87}Sr/^{86}Sr$ 比はマントルの値だから，どの時期の端成分も 1 つはマントル由来のマグマとみていいだろう．次に $^{87}Sr/^{86}Sr$ 比の高い方の物質を特定するため図 6-9 を用意した．横軸に Rb/Sr 比をとっている．Rb/Sr 比は岩石によって大きく異なるから，この座標の方が端成分の特定が容易となる．この図でも混合物は 2 つの端成分を結ぶ直線上に配列する．さて，左下の隅の●が火山岩類で，その分布の左端を限る線 AB' と右端を限る線 CD' で挟まれる中に，端成分の組成は限られるが，$^{87}Sr/^{86}Sr$ 比の低い側は，マントル起源のマグマと既に分かっているから，問題は $^{87}Sr/^{86}Sr$ 比の高い側の端成分である．上部地殻を代

表する北部九州の花崗岩類は CD'線の右側にあって端成分の資格を持たない．縦軸に沿って分布する下部地殻由来の岩片は線 AB'の左側にあるが，部分溶融すると四角に囲まれた範囲の液ができる．液の範囲は $^{87}Sr/^{86}Sr$ 比の高い側の端成分の条件を十分に満たしている．換言すると，マントル由来のマグマが下部地殻を溶かしてできた液と混合して金峰火山の火山岩類ができたと言えよう．

図 6-8 では配列線の $^{87}Sr/^{86}Sr$ 比は活動期の順に下がっている．次にこの意味を考えよう．マグマ溜りが地殻の底にあると親マグマの供給の繰り返しでマグマは高温に保たれ，周囲を同化し，マグマの $^{87}Sr/^{86}Sr$ 比は高く維持され，マグマ溜りは上昇し続ける．上昇すると周囲の温度が下がり，親マグマの供給速度が一定でも失う熱量は増加するから，マグマの温度は下がる．その分同化能力は落ちるが，親マグマの供給は繰り返すからマグマの $^{87}Sr/^{86}Sr$ 比は逐次下がることになる．このように火山活動の早期から晩期にかけて起こる $^{87}Sr/^{86}Sr$ 比の降下はマグマ溜りが地殻の底から上昇してきたことを裏付ける証拠である．

下部地殻の同化は島原半島，多良火山，妙高火山その他の火山からも報告されている．マントルの Rb/Sr 比を持ち $^{87}Sr/^{86}Sr$ 比の高い玄武岩は多数ある（図5-6）．全て下部地殻を同化したものである．また，火山の成長史の早期に $^{87}Sr/^{86}Sr$ 比の高い，後期に低い火山岩が噴出することも島原半島，多良火山，妙高火山などの他広く認められる現象である．

第 7 章　島弧火山岩と上部大陸地殻

7.1. 液相濃縮微量元素組成の進化

　開放系マグマ溜りでの結晶作用で，初生的玄武岩マグマが上部大陸地殻の組成のマグマに変換されることと，変換途上のマグマの噴出したものが火山岩であることを示した．しかし，確定するには主成分や他の微量元素についての検討も必要である．まず微量元素，その後の節で主成分組成について説明しよう．

7.1.1. 元素比と濃縮限界

　まず組成変化の特徴をつかむため親マグマ（P）のカリウム，ルビジウムをそれぞれ 2,000 ppm, 4 ppm, 両元素の分配係数をそれぞれ 0.1, 0.05 として，閉鎖系と開放系マグマ溜りでの分別結晶作用による組成変化を図 7 - 1 (a)で比較しよう．濃度と分配係数はいずれも概数である．直線 PL は閉鎖系マグマ溜りでの組成変化を示す．M と R はそれぞれ開放系マグマ溜りでの混合マグマと残液マグマの組成，曲線 PM_∞ は混合マグマ組成の軌跡，曲線 PR_∞ は残液マグマ組成の軌跡，直線 $M_\infty R_\infty$ は定常状態での分別結晶作用による組成変化を表す．閉鎖系では両元素は対数座標上で比例して濃縮し，濃縮に限りはないが，開放系ではルビジウムがより濃縮し，両元素の濃縮には点 R_∞ で示す限りがある．図 7 - 1 (b)に Rb/K 比の変化を示した．閉鎖系での Rb/K 比の変化はわずかだが，開放系では毎回の分別結晶作用による増加が

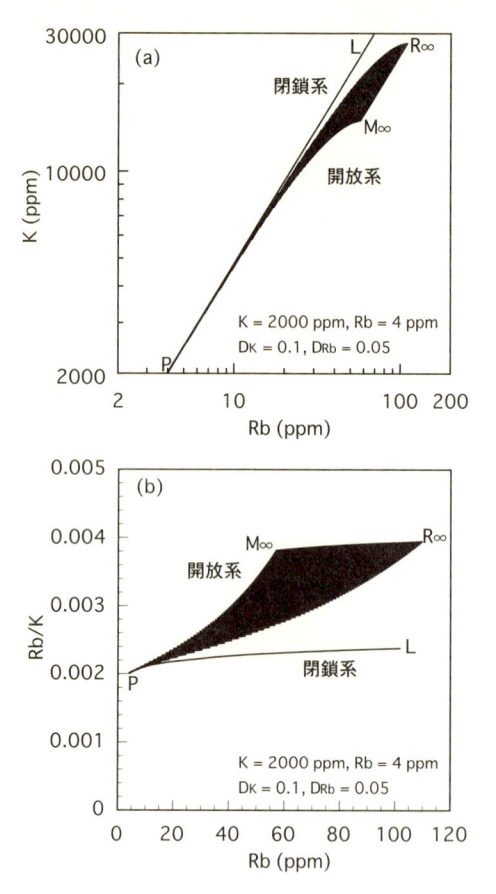

図 7-1 閉鎖系と開放系マグマ溜りでの分別結晶作用による
　　　　　マグマの Rb, K 組成と Rb/K 比の変化

累積して，Rb/K 比は親マグマの値の 2 倍にもなる．分配係数の差に起因する違いである．

7.1.2. 火山岩の液相濃縮微量元素組成と元素比

図 7-2 に主に第四紀の火山岩の Rb/K 比を示した．分布形態は開放系マグマ溜りから期待されるもの（図 7-1(b)）に似ているが，横軸 30 ppm 以下でデータの分散が大きく，計算結果と違う．まずその説明が必要である．

第7章 島弧火山岩と上部大陸地殻

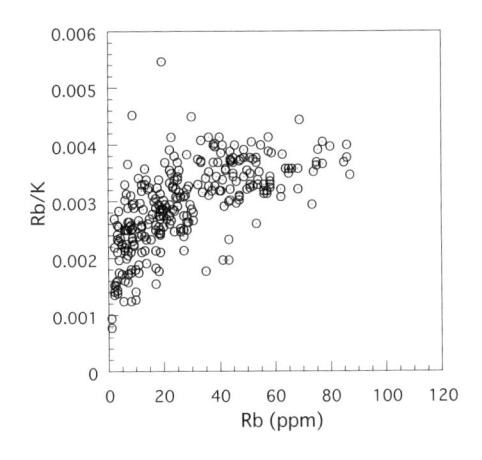

図7-2 日本列島の主に第四紀の火山岩のRbとRb/K比

　計算では同一組成の親マグマの繰り返し供給を仮定したが，マントルは不均一で初生的玄武岩のカリウムもルビジウムも共に半桁にわたって変動する．分散はその反映である．分散幅はルビジウムが濃縮すると狭くなる．それを例で示そう．ルビジウム2 ppmと10 ppmの親マグマがそれぞれ閉鎖系で50％結晶した後では4 ppmと20 ppmになり5倍の開きは保たれるが，両マグマが無秩序に繰り返し供給されるマグマ溜りでは，初めルビジウム濃度は大きく揺れるが，繰り返しが進み濃縮され80 ppmにも達すると，たかだか±6％にしか揺れなくなる．カリウムについても同じで，高濃度側でRb/K比が揺れなくなる理由はここにある．

　火山岩のRb/K比は，ルビジウムの増加に伴って0.0008〜0.0028から0.004まで上がり，増加は約2倍に達している．これほどの増加は閉鎖系では起こらない．開放系マグマ溜りで実現できる値である．また増加は0.004で限られるが，これは開放系マグマ溜りでの定常状態に対応しよう．

　図7-3に火山岩の液相濃縮微量元素組成を示した．図(a)〜(f)の全元素に共通して濃縮に上限がある．低濃度部では分散が大きく，濃度が上がるに従って分散幅は狭まり分布密度が上がり，最高濃度で最高密度のところで配

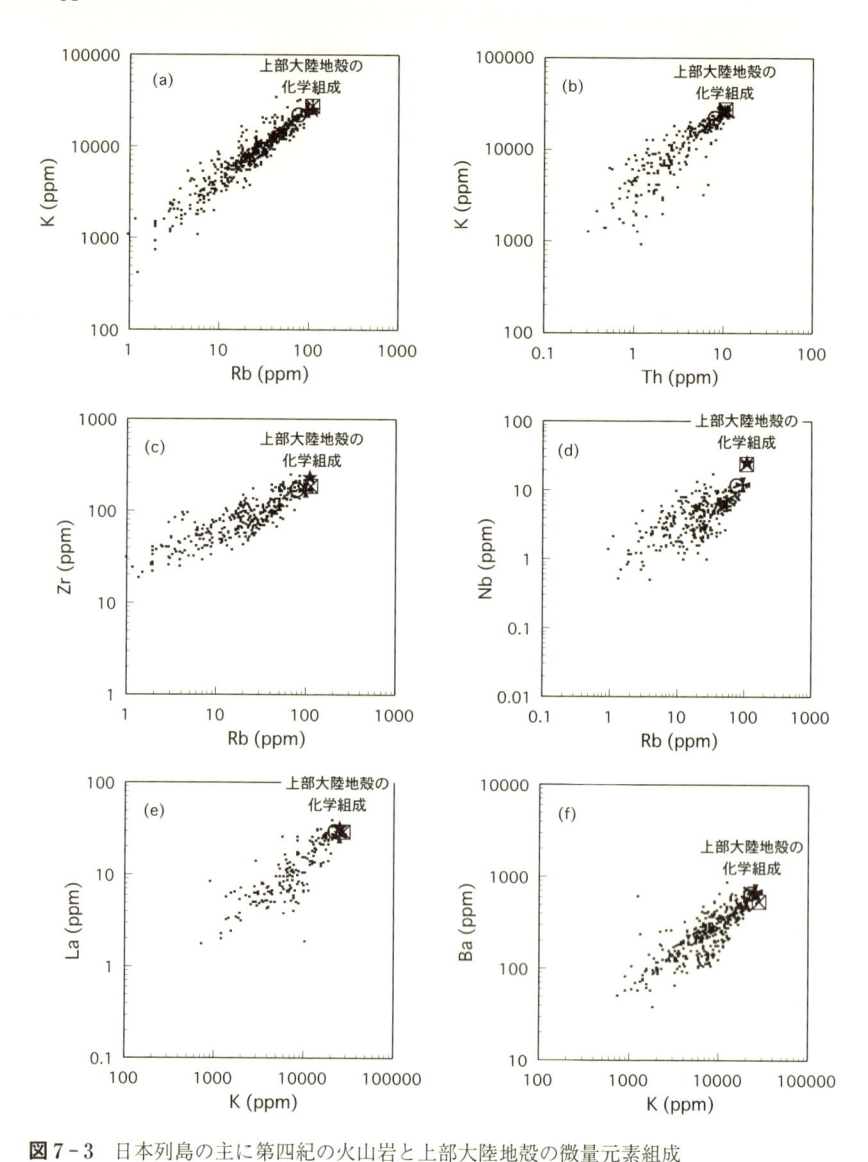

図7-3 日本列島の主に第四紀の火山岩と上部大陸地殻の微量元素組成

(a)はルビジウムとカリウム，(b)はトリウムとカリウム，(c)はルビジウムとジルコニウム，(d)はルビジウムとニオブ，(e)はカリウムとランタン，(f)はカリウムとバリウムについての火山岩の微量元素組成．⊠は Taylor and McLennan (1985)，★は Wedepohl (1995)，✣は Condie (1993)，○は Gao et al. (1998) の上部大陸地殻の微量元素組成．

列分布が突然切れる．濃縮限界である．低濃度での分散はマントルの不均一性を反映し，分散幅の狭まりは濃縮効果によるものである．濃縮限界は開放系マグマ溜りでの定常状態の残液濃度に当たり，上部大陸地殻の組成と一致する．

7.2. 主成分組成の進化

火山岩や上部大陸地殻の岩石学的特徴は主成分組成で決まる．これまでと同じ結果を主成分組成についても得ることができるか否か検討しよう．

7.2.1. 島原半島の火山岩

主成分組成に関する説明は，島原半島での溶岩組成の時間変化を杉本の研究（Sugimoto, 1999）によって紹介することから始めよう．

雲仙火山を中央に据える島原半島の火山活動は，460万年前の玄武岩の噴出で始まった．早期に玄武岩，中期に輝石安山岩，後期に角閃石安山岩〜デイサイトが噴出している．杉本は活動史を11期に分けた．堆積層が形成された4期を除いて，溶岩の噴出する7期について古い方から1〜7の番号を付け，活動期ごとの溶岩の K_2O と Rb/Sr 比の変動範囲を図7-4に示した．その配列パターンは鋸歯状時間変化で，組成変化が，繰り返し親マグマの供給のあるマグマ溜りでの結晶作用によることを示している．その特徴はある活動期の変動範囲を前の活動期のものと重複させながら，変動範囲の上端が活動期を重ねるごとに値の大きい向きに移動し，移動量が活動期を重ねるごとに小さくなり，最後の4活動期で停止することである．最後には定常状態に達している．興味は定常状態の残留マグマの主成分組成にあるが，その前にまず各活動期の溶岩組成の変動について説明しよう．

桜島火山でマグマの噴出は親マグマの供給時に繰り返すことをみた．高温マグマの混入で起こる低温マグマの斑晶の溶融や分解は，島原半島でもほぼ全ての溶岩にみられる．その中で頻繁に見られるものは，角閃石の脱水分解を示すオパサイト，石英斑晶の溶融を示すガラス，斜長石斑晶の部分溶融を

示すちり状のガラス微粒子で，溶融や分解を示す斑晶はデイサイトに少なく安山岩に多い．角閃石斑晶のオパサイト化はデイサイトで弱く欠けることもあるが，塩基性安山岩では斑晶の全体に及んでいる．高温マグマの混入割合がデイサイトで小さく安山岩で大きいことを示している．1つの溶岩が火山岩に現れる全ての鉱物を斑晶として含むことがよくあるが，斜方輝石，角閃石，黒雲母，石英，磁鉄鉱はもともと低温のマグマに，カンラン石は一般に，単斜輝石は量的に高温の玄武岩マグマに多い斑晶である．いずれの現象も玄武岩マグマ混入時にマグマが噴出したことを示している．それで図7-4の

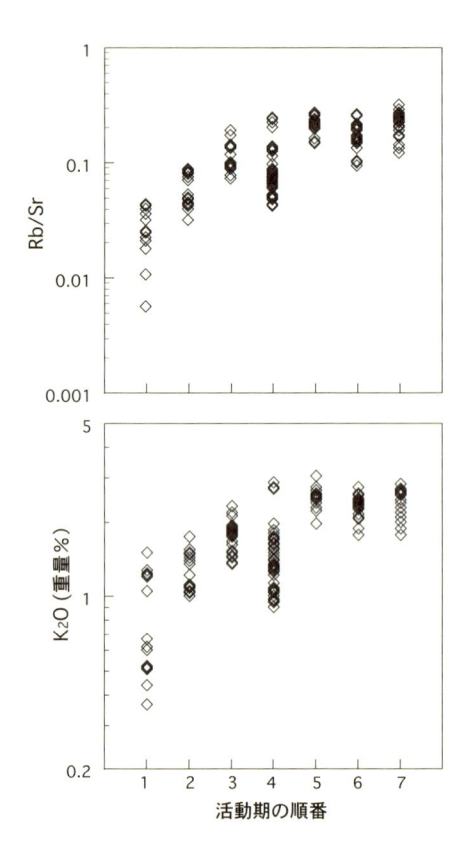

図7-4 島原半島の火山岩の K_2O, Rb/Sr 比の変動範囲の活動期順変化 Sugimoto (1999) から改変.

表 7-1 デイサイトの平均化学組成 （単位は重量%）

	雲仙火山のデイサイト	多良火山のデイサイト
SiO_2	64.97	65.55
TiO_2	0.68	0.65
Al_2O_3	15.88	16.21
T. Fe_2O_3	5.01	4.56
MnO	0.09	0.10
MgO	2.46	2.00
CaO	4.58	4.18
Na_2O	3.61	3.84
K_2O	2.56	2.73
P_2O_5	0.16	0.18
合 計	100.00	100.00

T. Fe_2O_3：全鉄を Fe_2O_3 と表示．

組成変動範囲は低温のマグマに高温のマグマが混入して起こった組成変化の幅を示すと解される．混入量はおよそ K_2O の減少量から分かる．親マグマの K_2O は 0.3％前後のはずで，第 6，7 活動期の変動範囲は，下限が約 1.7％上限が 2.8％だから，マグマの量は玄武岩マグマの混入で約 2 倍になっている．桜島火山での値に見合う大きさである．

次にマグマのたどった経過の概要を確認しよう．K_2O，Rb ならびに Rb/Sr 比が最も低い溶岩は第 1 活動期にあって K_2O 0.4％，Rb 4 ppm，Rb/Sr 比 0.01 で，いずれも初生的玄武岩マグマの値である．この組成で始まり Rb は第 1 期で 30 ppm まで，第 2 期で 45 ppm まで，第 3 期で 70 ppm まで増加し，第 4 期以降ではピーク値が 95 ppm で一定している．K_2O も同様な経過をたどり第 4 期以降では 2.8％で一定である．Rb/Sr 比も第 4 期以降では約 0.3 で一定である．第 4 期以降では定常状態にあることを確認できる．定常状態で噴出したデイサイトの K_2O 2.8％，Rb 95 ppm，Rb/Sr 0.3 はいずれも表 5-2 の上部大陸地殻の化学組成と一致する．定常状態に達した最後の 3 活動期のデイサイトの平均主成分組成は上部大陸地殻の化学組成と見事に一致している（表 7-1）．カナダの大陸表層の平均組成と同じである．

7.2.2. 多良火山の火山岩

多良火山は雲仙の北西約 35 km にある東西 25 km の成層火山である．その溶岩組成の時間変化を小形の研究（Ogata, 1993）によって紹介しよう．

火山活動は 100 万年前の玄武岩溶岩流の噴出に始まり 64 万年前のデイサイトの噴出で終わる．その歴史は 5 期に分けられ，第 1 期は多量の玄武岩が噴出し溶岩台地を作った時期である．噴出物は圧倒的に玄武岩で，組成はソレアイト質玄武岩からカンラン石玄武岩にわたる．玄武岩の Rb, Ba, K, Nb, Sr, P, Zr, Ti, Y の存在率は，ホットスポット型海洋島玄武岩と同じ特徴を備えている．当地の玄武岩が同類のマントル物質に由来することを示している．第 2 期には Fenner 系列の玄武岩から安山岩に至る火砕岩が噴出

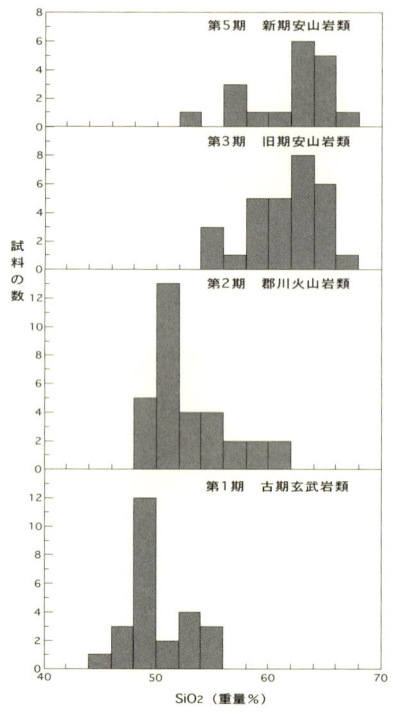

図 7-5 多良火山の火山岩の SiO_2 の頻度分布の活動期順の変化
Ogata（1993）から一部改変．

し，第3期にはBowen系列の輝石安山岩から角閃石デイサイトに至る溶岩が噴出した．角閃石斑晶の熱分解や斜長石斑晶の部分溶融，石英斑晶の融食は，この期と第5期の火山岩の特徴である．第4期は安山岩溶岩の噴出の合間で山体の周辺に第1期と同じ玄武岩が噴出した時期である．同じマグマの継続的供給を裏付けている．第5期にはBowen系列の安山岩とデイサイトが第3期の成層火山をおおって噴出した．

　時間区分が粗いから組成変化を細かく追跡することはできないが，図7-5は溶岩組成の鋸歯状時間変化を示し，組成変化が開放系マグマ溜りでの結晶作用によることを裏付けている．第3期と第5期のSiO_2の変動範囲のピーク値は66％で一致し，Rb/Sr比も変動範囲のピーク値は0.3で一致している．そのような火山岩は定常状態での残液マグマ組成を示し，その平均化学組成（表7-1）は上部大陸地殻の組成と一致する．ここでも上部大陸地殻の組成のマグマができたことを確認できる．

7.2.3. 閉鎖系マグマ溜り対開放系マグマ溜り

　上部大陸地殻の主成分組成のマグマができることを見てきた．しかし，見たのは2例であって，島弧火山岩全体について改めて確かめる必要があろう．

　図7-6に増田と青木（Masuda and Aoki, 1979）の那須火山帯の火山岩組成を再現した．Fenner系列の火山岩はK_2Oに乏しく，Bowen系列の火山岩はK_2Oに富むから，前者はK_2Oに乏しい親マグマ，後者はK_2Oに富む親マグマの分別結晶作用でできたと彼らは考えた．しかし，問題がある．苦鉄質固溶体珪酸塩鉱物の結晶作用の温度はMgOに富む方がFeOに富む方より高いから前者が先に結晶するため残液マグマのT. FeO/MgO比は上がる．これはマグマのK_2Oでは左右されない．K_2Oに富むマグマでもT. FeO/MgO比は必ず上がる．これはBowen系列の認定に使った事実と矛盾する．

　ではなぜ彼らがそう考えたのかを図7-7を参考にして説明しよう．Skaergaard貫入岩体の残液組成の配列は，天然の分別結晶作用による変化を示す．これと，那須火山帯のFenner系列の玄武岩，安山岩，デイサイトそ

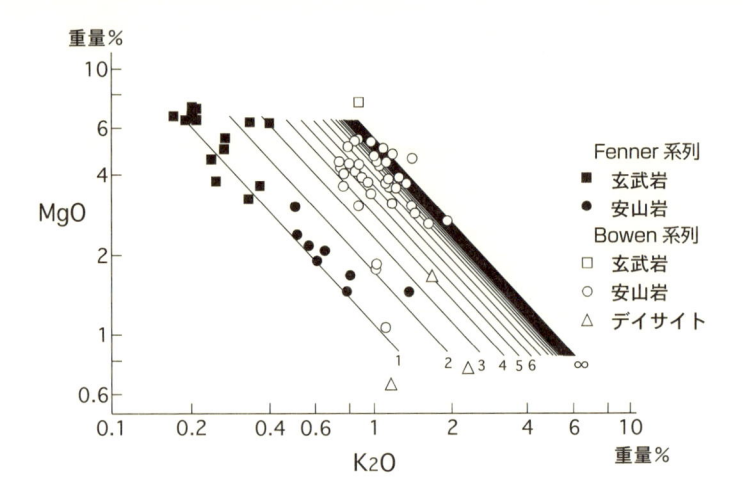

図7-6 那須火山帯火山岩の化学組成と開放系マグマ溜りでの分別結晶作用によるマグマの化学組成の変化

Masuda and Aoki (1979) の図に開放系マグマ溜りでの分別線を重ねて製作. Yanagi and Yamashita (1994) から引用.

れぞれの平均組成（Yagi et al., 1963）の配列，伊豆箱根地方の Fenner 系列の平均組成（Kuno, 1959）の配列の3つはほぼ一致している．Skaergaard 貫入岩体の残液組成の変化を分別結晶作用による組成変化と見ると，図7-6の Fenner 系列の火山岩の配列は，K_2O の少ない初生的玄武岩マグマの分別結晶作用で説明できる．しかし，K_2O の少ない初生的玄武岩マグマから分別結晶作用で Bowen 系列の火山岩は決して作れない．分別結晶作用による組成変化を前提にすると，Bowen 系列の火山岩の配列を説明するために K_2O に富む玄武岩マグマを用意せざるを得ない．K_2O の異なる親マグマを考えた理由はここにある．

このように2系列に分けると2種類の火山があるようにみえるが，そうではない．一緒にあって，そこから選別して比較している．一緒にはあるが，個々の火山でみると火山活動の初期に Fenner 系列が卓越し，末期に Bowen 系列が圧倒的になる傾向がある．

第7章 島弧火山岩と上部大陸地殻

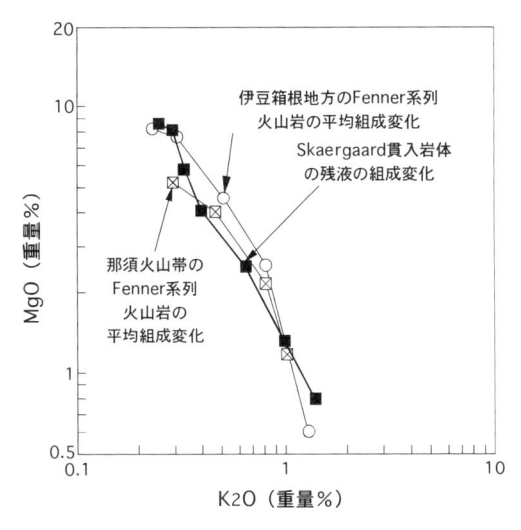

図7-7 K₂O-MgO図上でのFenner系列火山岩の平均組成の変化及びSkaergaard貫入岩体の残液組成変化

　次に，先の貫入岩体の残液組成の変化を基に，開放系マグマ溜りでの分別結晶作用について考えよう．計算結果を那須火山帯の火山岩に重ねて図7-6に示した．一群の直線はステップごとの分別結晶作用による組成変化（分別線）を示す．左端はSkaergaard貫入岩体の残液組成の変化の直線近似である．分別線は結晶作用ごとにK_2Oが濃縮するから右に移動し，移動は右端の定常状態に達するまで続く．また別な視点から説明しよう．左端の分別線で要点が次のように決まる．この線のMgOの多い端は親マグマの組成を与え，勾配でMgOとK_2Oの分配係数が相対的に決まり，線末端の残留マグマの割合を表4-1のカリウムの分配係数を基に与えると，第2段階，第3段階，……，第∞段階の組成変化が決まる．混合による組成変化は省いているが，混合線と分別線はほぼ重なる．
　さて，一群の分別線と火山岩を比較すると早期にFenner系列，後期にBowen系列の火山岩が対応し，火山岩の分布はほぼ定常状態の分別線で限られることが分かる．火山成長史の初期にFenner系列，後期にBowen系

列の火山岩があることと計算結果は対応している．これらの対応は1つの親マグマと開放系マグマ溜りでの分別結晶作用で，那須火山帯の火山岩は全て把握できることを意味しよう．後期にBowen系列の火山岩ができる理由は次節で説明する．

7.2.4. 開放系マグマ溜りでの主成分組成変化

開放系マグマ溜りでの結晶作用で主成分組成変化経路に変化が起こる．その基本を押さえよう．

マグマの組成変化経路は，一般に関係する鉱物の液相面相関係で決まり，相関係は化学的に系が定義されていれば物理的条件で決まるから，系内にあれば親マグマ組成には依存しない．そのため閉鎖系でも開放系でも道筋は同じで，マグマの組成変化経路に開放系マグマ溜りを導入して考えなければならない必要はないはずである．しかし，開放系マグマ溜りでの結晶作用の特徴は液相濃縮成分の濃縮にある．最初無視できるほど微量であっても分配係数で定まる濃度まで濃縮する．水分とK_2Oはその代表で，濃縮すると相関系に多大な影響を与え，マグマの組成変化の道筋を変える．

マグマの組成変化は結晶する鉱物に依存し，その道筋は鉱物の晶出順序で決まる．初生的玄武岩マグマの低圧無水での結晶作用ではカンラン石→カンラン石+斜長石→カンラン石+斜長石+Caに富む単斜輝石→斜長石+Caに富む単斜輝石+Caに乏しい単斜輝石→斜長石+Caに富む単斜輝石+Caに乏しい単斜輝石+磁鉄鉱と進む．水分があるとカンラン石→カンラン石+Caに富む単斜輝石→Caに富む単斜輝石+Caに乏しい単斜輝石+斜長石+磁鉄鉱と，斜長石は順位を下げ磁鉄鉱と同時に結晶し始めるようにもなる．水分で磁鉄鉱の順位は上がり，斜長石の順位は下がる．磁鉄鉱が結晶し始めるとマグマは鉄に乏しくSiO_2に富むようになりBowen系列の経路をたどり始める．

一般に親マグマは無水に近いから磁鉄鉱が結晶し始めるのは90％以上が結晶してからで，その間SiO_2の変化は抑えられ，T.FeO/MgO比が上がり，マグマはFennerの分化傾向をたどる．開放系マグマ溜りで，マグマが半分

まで分別結晶作用した時，親マグマの供給が繰り返すと，この分化傾向が繰り返される．その間に水分や K_2O が濃縮し，その結果，晶出順位が次第に上がり，磁鉄鉱はマグマが半分になる前に結晶し始めるようになる．その結果 T. FeO/MgO 比の増加は抑えられ，SiO_2 は少し濃縮する．繰り返しが重なると，磁鉄鉱の順位がさらに上がり，SiO_2 の濃縮が累積して，ついには Bowen が期待した組成が実現する．開放系マグマ溜りでの組成変化の早期で K_2O に乏しい Fenner 系列のマグマが，後期で K_2O に富む Bowen 系列のマグマが実現することになる．

7.2.5. 島弧火山岩と上部大陸地殻

日本には火山成長の様々な段階の火山岩があるから，その組成を1枚の図にした全体で火山成長史の全組成変化を概観できよう．問題は全体を説明できるか否かにあるから，それを1つのマグマ溜りでできたとみなして検討を

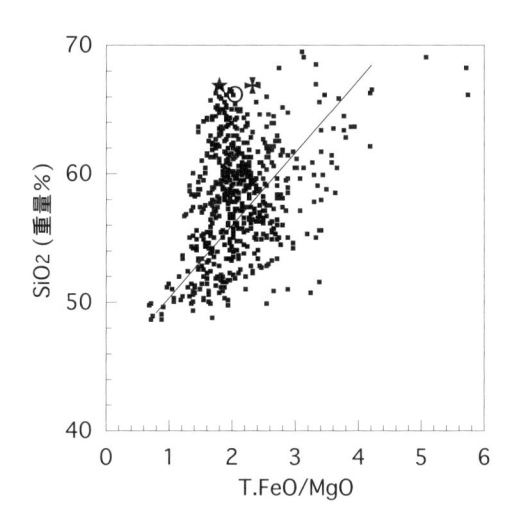

図 7-8 T. FeO/MgO-SiO_2 図上での日本列島の主に第四紀の火山岩の分布

○は Taylor and McLennan（1985），★は Shaw *et al.*（1986），✚は Condie（1993）の上部大陸地殻の化学組成．右上がりの直線は Miyashiro（1975）による Bowen 系列と Fenner 系列の境界線．Yanagi and Yamashita（1994）にデータを追加して改変．

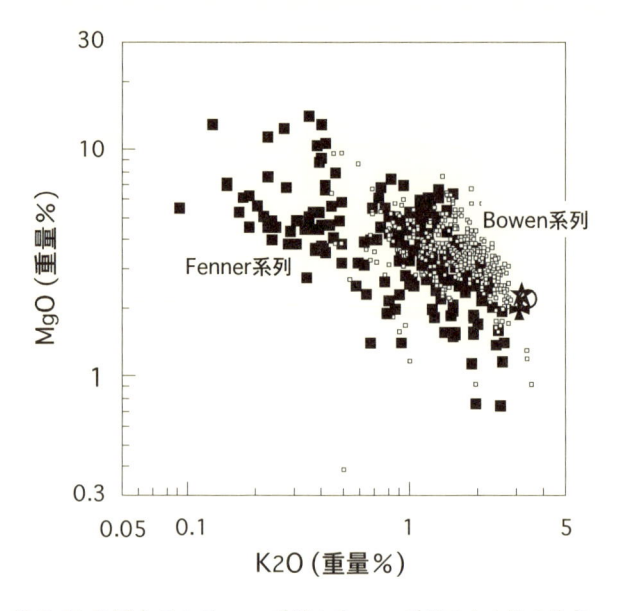

図7-9 K_2O-MgO 図上での Fenner 系列と Bowen 系列の火山岩の分布

■は Fenner 系列の火山岩，□は Bowen 系列の火山岩．○，★，✚は図7-8と同じで，上部大陸地殻の化学組成．Yanagi and Yamashita (1994)にデータを追加して改変．

進めよう．図7-8に主に第四紀の火山岩634個の組成を示した．

いま鉱物組成と化学組成からある一群の火山岩の系列を判定した後この図に示すと，境界線の横軸側に Fenner 系列，縦軸側に Bowen 系列が配列する (Miyashiro, 1975)が，たくさんの火山岩を落とすと，その分布は境界線をまたいで滑らかに連続する．境界線は自然境界ではないらしい．しかし，ここでの仕分けが他の図でどう現れるか見るため，この線の右下を Fenner 系列（■），左上を Bowen 系列（□）と分けて以後の図には表示する．

まず図7-9である．同一座標の図7-6では Bowen 系列の火山岩と Fenner 系列の火山岩の分布は離れていた．それは，それぞれ典型的な試料を意図的に集め，違いを際立たせたためである．図7-9では分布は連続し，Bowen 系列の火山岩は K_2O の多い領域に，K_2O の少ない火山岩は Fenner

系列に限られている．この対応は開放系マグマ溜りからは当然で，説明の必要はないだろう．しかし，K_2O に富む Fenner 系列の火山岩の説明は必要である．この火山岩は図7-8の境界線を Fenner 側から Bowen 側へ越える前に，まず K_2O と水分が十分濃縮し，それで鉱物の晶出順序が変わり，その結果 Fenner 系列側から Bowen 系列側へ組成が変わることを示している．ステップごとの SiO_2 の増加が累積するためである．

開放系マグマ溜りでの組成変化を示す分別線の分布密度（図7-6）は定常状態の分別線に向かって次第に上がり，極限に達し，超えると零になる．系列の別なく見ると，図7-9の火山岩の分布の高 K_2O 側に明瞭な限りがあり，それに向かって火山岩の分布密度は上がり，最高に達し，限界を超えると零になる．この分布密度変化は期待される要件を見事に満たしている．島原半島の火山活動史の最後の4活動期の火山岩はこの限界線に沿って配列するから，これが間違いなく定常状態の組成変化であると確認できる．その先端に上部大陸地殻の組成はあり，火山岩がそれに至るまで進化していることが分かる．

図7-10(a)には火山岩の SiO_2，TiO_2 組成を示した．この火山岩の分布を開放系マグマ溜りでの分別結晶作用で説明してみよう．この時，組成変化が複雑だから K_2O-MgO の場合と同様にモデル計算は不可欠である．水分が液相面相関係に与える効果を組み込んでいる数値モデルは，Ghiorso らのもの（Ghiorso and Sack, 1995）である．各ステップの組成変化をこれで追跡し，0.1 GPa のマグマ溜りでの組成変化を示したものが図7-10(b)である．モデルは開発途上にあり，まだ定量的検討に耐える水準にはないが，この複雑な分化機構での組成変化の概要をつかむためには利用できる．図7-10(b)の点Pは親マグマで，初生的な島弧玄武岩の酸化物組成（Kushiro, 1987）に 0.35 wt.％の水分を加えたものである．酸素分圧は石英—磁鉄鉱—ファヤライト共存に設定．閉鎖系分別結晶作用ではマグマは PF'R に沿って変化する．PF' の立ち上がりは珪酸塩鉱物の結晶作用によるもので，TiO_2 は上がり，SiO_2 は変わらない．F'R の変化は珪酸塩鉱物と共に磁鉄鉱が結晶することによるもので，TiO_2 は下がり SiO_2 は大きく増加する．開放系マグマ溜りでは

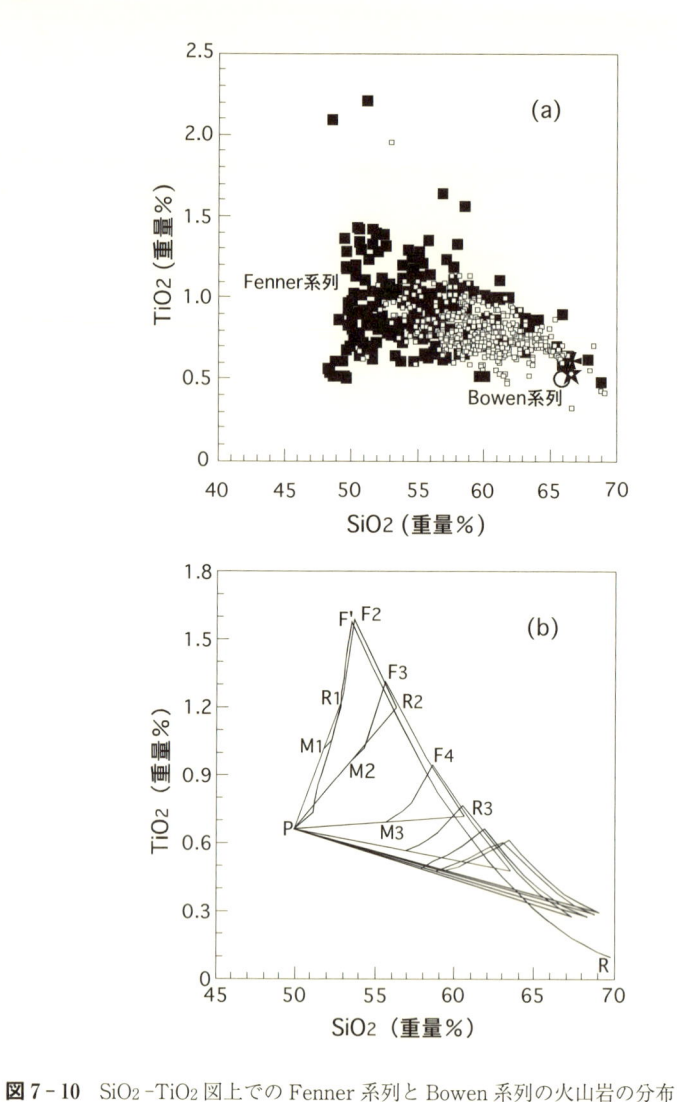

図 7-10 SiO$_2$-TiO$_2$ 図上での Fenner 系列と Bowen 系列の火山岩の分布

(a) ■は Fenner 系列の火山岩，□は Bowen 系列の火山岩．○，★，✤は図7-8と同じで，上部大陸地殻の化学組成．(b) 親マグマの供給が繰り返すマグマ溜りでの分別結晶作用による化学組成の変化．

マグマが半分になった時，毎回単位質量の親マグマが混入するとした．1回目はPからR_1に至る．マグマR_1に親マグマPが混入する途中でR_1M_1上の混合マグマができる．マグマM_1はF_2を経て第2回目のR_2に至る．F_nはnステップで磁鉄鉱が結晶し始める組成である．マグマR_2に親マグマが混入する途中でR_2M_2上の混合マグマができる．マグマM_2はF_3を経て第3回目のR_3に至る．図には7回目の親マグマの供給まで示している．

開放系マグマ溜りにできるマグマ組成は三角形状の外周や内部にもある．初期においては磁鉄鉱が出るまでSiO_2の増加が抑えられFenner系列の変化を示し，後期では磁鉄鉱の結晶作用が繰り返す結果SiO_2が濃縮し，Bowen系列の配列を取るようになる．その特徴はSiO_2 55%以上の組成によく表れている．図(a)の両系列の分布形態と一致する特徴である．上部大陸地殻の組成は火山岩の分布の右端SiO_2 66%，TiO_2 0.6%にあるが，そこに定常状態の残液組成ができることも図(b)から窺える．このように火山岩の組成分布は開放系マグマ溜りでの分別結晶作用でよく説明できる．

SiO_2とT.FeO，CaO，Al_2O_3との各相関図では，初生的玄武岩から上部大陸地殻に至るまで火山岩は緻密に配列していて，特に説明の必要はないだろう．

最後に開放系マグマ溜りでの分別結晶作用で，初生的玄武岩マグマがBowen系列の組成へ変わる経過を紹介しよう．Skaergaard貫入岩体の初生的マグマに0.5%の水分を加えた親マグマ（P）からできるマグマの組成を，数値モデル（Ghiorso and Sack, 1995）を使って図7‒11に示した．圧力は0.1 GPa，酸素分圧は石英─磁鉄鉱─ファヤライト共存に設定．毎回マグマが半分になった時，単位質量の親マグマを加えた．細線は結晶作用，太線は親マグマの混入による組成変化．細線の急折点F_nはnステップで磁鉄鉱が結晶し始める組成．初め，結晶作用でも混合でも共にFenner系列の配列をなすが，磁鉄鉱の結晶作用の繰り返しでSiO_2が少しずつ増加し，累積してついにはSiO_2に富む花崗岩質マグマができることが分かる．親マグマが水分やアルカリに富むものであれば，繰り返しの数が少なくてもBowenが期待した組成が実現する．

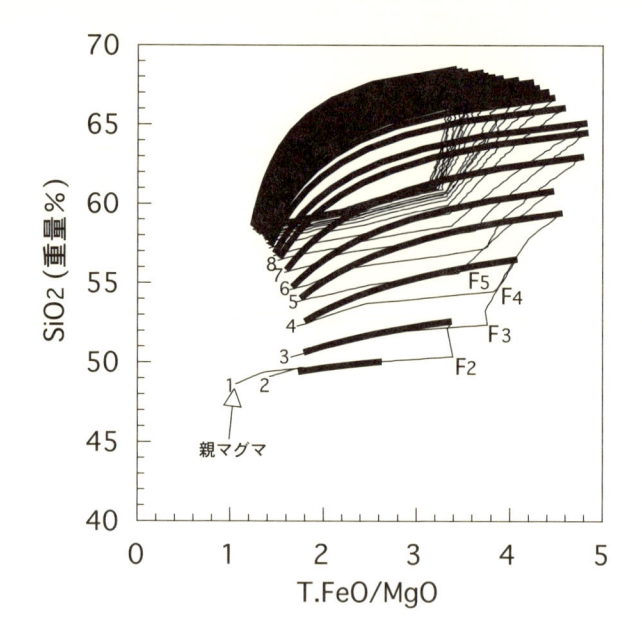

図7-11 親マグマの供給が繰り返すマグマ溜りでの分別結晶作用によるマグマの化学組成変化

数値モデル Melts (Ghiorso and Sack, 1995) による逐次計算．数字は繰り返しの順番．F_n は n 回目の磁鉄鉱の晶出開始点．

残留マグマの割合について付記すべきことが1つある．50％あるいはそれ以下を想定してここまで説明を進めてきたが，主成分組成変化は残留マグマの割合で変わる．5％しか結晶せず95％も残る状況で親マグマの供給が繰り返しても磁鉄鉱が結晶することはなく，Bowen系列のマグマができることもない．

7.2.6. 上部大陸地殻と下部大陸地殻

初生的玄武岩マグマは開放系マグマ溜りでの分別結晶作用で上部大陸地殻の組成のマグマに変換されることを確認した．大陸地殻の起源の説明はそれだけでは不十分で，その2層構造を説明することも必要だろう．

開放系マグマ溜りでの結晶分化が続くためには，上下組になったマグマ溜

りは不可欠で，親マグマの供給が止まると上位マグマ溜りは固まって花崗岩（岩石種としては花崗閃緑岩）として残り，下位マグマ溜りは消滅する．プラグははんれい岩からなるが，鉱物組成は一様ではない．上位マグマ溜りに水分とカリウムが濃縮すると，斜長石の初相領域が狭められるため，親マグマの混入直後のマグマからは輝石が結晶し輝岩ができ，次に斜長石が豊富に結晶する．このことがマグマ供給の度に繰り返すから，鉱物組成は鉛直方向に周期的に変化し成層構造ができる．玄武岩溶岩と共に噴出する下部地殻の岩片ははんれい岩で，よく輝岩を伴う．地震の反射波で見る下部地殻は成層している．成層構造は下部地殻の地震学的特徴である．これらの事実は全てプラグを構成する集積岩の特徴と一致する．

このように上下組になったマグマ溜りでできるのであれば，大陸地殻は当然上が花崗岩で下が玄武岩質集積岩で構成される2層構造を取ることになる．

7.2.7. 地表に安山岩，地殻に花崗岩

成熟した島弧の火山岩は圧倒的に安山岩で，深成岩は圧倒的に花崗岩で占められる．その説明も必要だろう．

マグマは高温だから混合の証拠は早々になくなるはずだが，それが火山岩にあることは親マグマと混合しながら噴出したことを意味しよう．SiO_2の分配係数は1に近いから結晶作用で増え始めると，各ステップの残留マグマは早々にデイサイト組成になる．それに親マグマが入ると混合マグマは安山岩マグマとなる．玄武岩組成になることは火山成長史の初期を除いてない．マグマ供給が繰り返すと安山岩マグマの噴出が繰り返すから，安山岩が圧倒的になるのは当然で，火山は混合過程をスナップ写真的に記録した溶岩の集合体と言えよう．

さて，火山岩は混合中に噴出したマグマだとすると，系列の定義を改めなければならないが，既存のマグマがシリカに富めば混合でシリカに，T. FeO/MgO比が高ければT. FeO/MgO比に大きな変化が現れるから，前者をBowen系列，後者をFenner系列に含めてこれらの用語を継続して使

用してきた．

　元の話題にもどる．最後の親マグマの供給直後のマグマ溜りは水分とカリウムに富む安山岩質混合マグマで占められる．粘性は低く，徐々に結晶分化しながら花崗岩として固まる．その結果深成岩としては花崗岩が多いことになる．

7.2.8. プレートの沈み込みと Bowen 系列

　マグマ供給の繰り返しは Bowen 系列のマグマの形成には不可欠だが，十分条件ではない．マグマの繰り返し供給は海嶺にもあるが，そこからこの系列の溶岩が噴出することはない．それは大量のマグマが噴出するからである．この系列の形成には水分やアルカリの濃縮が不可欠だが，結晶作用で濃縮したマグマが次の親マグマの供給で大量に噴出しては，累積的濃縮はできない．濃縮はマグマ噴出がない時最大となる．上下組になったマグマ溜りは，もともと噴出を伴わずに親マグマの供給を受けることができる仕組みだが，それだけではなく噴出を抑える物理的環境も必要である．海嶺には開口割れ目の形成条件が整っているが，圧縮的環境の厚い島弧地殻では開口割れ目はできにくい．これが Bowen 系列のマグマができる理由である．沈み込んだプレートが直下にある必要はない．雲仙や多良火山は共に Bowen 系列の火山岩で特徴付けられるが，深発地震帯は直下にはない．はるか東の阿蘇火山の下で勾配を増し，深さ 110〜120 km で消滅している．多良火山では海洋のホットスポット型液相濃縮元素存在率を持つ親マグマから Bowen 系列の火山岩ができている．その形成は親マグマの組成ではなく地殻の物理的環境によるものである．

　島弧マグマが水分や液相濃縮元素に富む事実を海洋プレートの沈み込みに伴う脱水反応と結びつけて理解しようとする考えが正しいかもしれない．しかし，その濃縮をこの脱水反応に必ずしも求める必要はなく，開放系マグマ溜りでの結晶作用で全て説明できる．この時プレートの沈み込みのなす役割は，島弧下のマントルに誘導対流を起こし，それによってマグマの発生と集積岩の搬出の物理的機構を整え，地殻に圧縮的環境を作り出すことである．

第 7 章　島弧火山岩と上部大陸地殻

7.2.9. 始生代大陸地殻と開放系マグマ溜り

次に開放系マグマ溜りはいつから作用し始めたかを考えてみよう．

年代変化を知るために Condie（1993）の年代別上部大陸地殻の化学組成を見てみると，K_2O 以外の主成分にはほとんど差がないことが分かる．年代変化は K_2O/Na_2O 比に現れ，25 億年以前で 0.68～0.70 で低く，以後で 0.84～0.92 で高いことが分かる．これは，カリ長石に乏しいトロニエム岩やトーナル岩が始生代に多く，始生代末以降ではカリ長石に富む花崗岩が卓越することを反映するものである．

図 7-12 に開放系マグマ溜りでの分別結晶作用で繰り返しごとに K_2O/Na_2O 比が上がることを，数値モデルを使って示した．親マグマは Skaergaard 貫入岩の初生的マグマ＋0.5％水分で，他の条件は先に示した．この比は親マグマで 0.105 だが，30 回目で 0.94 に達する．K_2O が濃縮するのに対して斜長石の主成分である Na_2O は濃縮しないためで，SiO_2 に関し花崗岩マグマになっても最初はカリウムに乏しく，後でカリウムに富むようになる

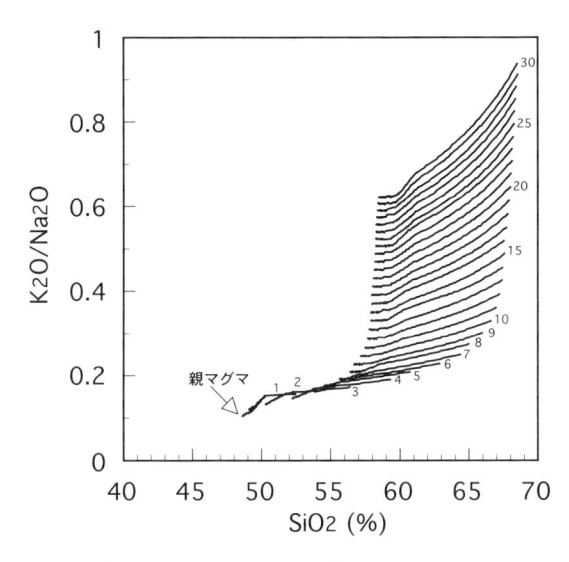

図 7-12　開放系マグマ溜りでの分別結晶作用による K_2O/Na_2O 比の増加
　　　　　分別線に付した数字は繰り返しの順番．

ことを示している.

　低いとは言え始生代の比は開放系マグマ溜りでしか実現できない値である.ではなぜ低いか,理由に2つあろう.1つはマグマ供給が短期間で止まったとすることだが,始生代のマントルは高温で始原マントル物質に富み,供給は長く続いたはずだから,それは難しい.だとすると多量の熱を放出するためマグマ溜りは地表近くに留まったはずである.これは第2の答えにつながろう.

　K_2O の濃縮はマグマの噴出割合が多ければ抑えられ,K_2O/Na_2O 比は上がらない.それは地殻の応力と厚さに依存し,薄いと割れやすく通路は短くマグマは噴出しやすく K_2O/Na_2O 比は上がらない.九州—パラオ海嶺はかつて伊豆・小笠原弧と一体だった.そこでトロニエム岩が確認された(Ishizaka and Yanagi, 1975).逆に K_2O/Na_2O 比が 0.9 の花崗岩の形成には日本列島のように圧縮応力下の厚い地殻が必要である.始生代の低い K_2O/Na_2O 比はこのように浅いマグマ溜りに結びつけられよう.始生代の大陸地殻が2層構造からなる事実も開放系マグマ溜りを除いて理解することは難しいだろう.

7.3. 水分の働き

　水分があるから大陸地殻はできるのであって,水分がなければ Bowen 系列の火山岩も大陸地殻もないはずである.水分が磁鉄鉱の晶出順位を上げ,花崗岩マグマを作るわけだが,それのみならずマグマ混合を可能にし,花崗岩形成への道を開く働きもなしている.

　Murase and McBirney (1973) の粘性の測定結果を見ると,無水の玄武岩マグマと安山岩マグマとでは粘性率の差が大きく,混じるとは到底思えない.水分は SiO_2 の重合を切りマグマの粘性を大きく下げる.村瀬 (Murase, 1962) によると,その効果は玄武岩マグマで小さく,花崗岩マグマで大きく,後者の粘性率は 10^6 ポアズも降下する.水分は親マグマに乏しく,開放系マグマ溜りのマグマに濃縮するから,この線で考えてみよう.無水の 1,220℃ の玄

武岩マグマと水分に飽和の 900 ℃ の花崗岩マグマとでは，粘性率は共に 10^3 ポアズ付近にあり，違いはわずかである．水分があって初めてマグマ混合は可能となる．

　温度の違いも検討課題である．玄武岩マグマがデイサイトマグマと接触しても結晶を出し潜熱を放出するから，その温度は容易には下がらない．他方結晶を含まないデイサイトマグマは玄武岩マグマとの接触で加熱され，その温度は容易に上がろう．しかし，多量の結晶を含むデイサイトマグマは，結晶が溶融あるいは分解し熱を吸収するから，その温度は容易には上がらない．斑晶の多いデイサイトや花崗岩に含まれるマグマ包有物はよく混合できなかった例で，この状況を記録するのかもしれない．マグマ混合はマグマの組成変化を理解する上で極めて重要でよく検討すべき課題である．

第 8 章　火山弧と外弧

8.1.　火山岩を伴う花崗岩と伴わない花崗岩

　初生的玄武岩マグマは上部大陸地殻の組成のマグマに変わった後固まり，下位の集積岩と一体となって 2 層構造の大陸地殻をなすと共に，結晶分化の間に噴出して主に安山岩からなる火山をつくると説明したが，しかし，上下組になったマグマ溜りは親マグマの供給を無理なく受けられる仕組みで，もともとマグマの噴出を必要とはしていない．火山岩を伴わない花崗岩体は多数ある．侵食で消滅したということもあろうが，しかし，九州南端の大隅半島の花崗岩体は中新世中期に貫入したにもかかわらず，周囲に火山活動があった形跡は全くない．同時代の火山岩層は本州の日本海側には広く残っている．この例は花崗岩の貫入に火山岩は必ずしも伴う必要がないことを示している．島弧のどこにその機能を持つところがあるのか検討した結果（Yanagi, 1981）を紹介しよう．

8.2.　島弧の構成

　検討を始めるに当たってまず島弧の概要を押さえておこう．東北日本弧の地形は海溝，深発地震帯，アサイスミックフロント，外弧，火山フロントの定型的配置を反映するものである．図 3–1 に東北日本を念頭に模式断面図を示した．日本海溝は太平洋プレートの沈み込み口で，深発地震帯はその沈

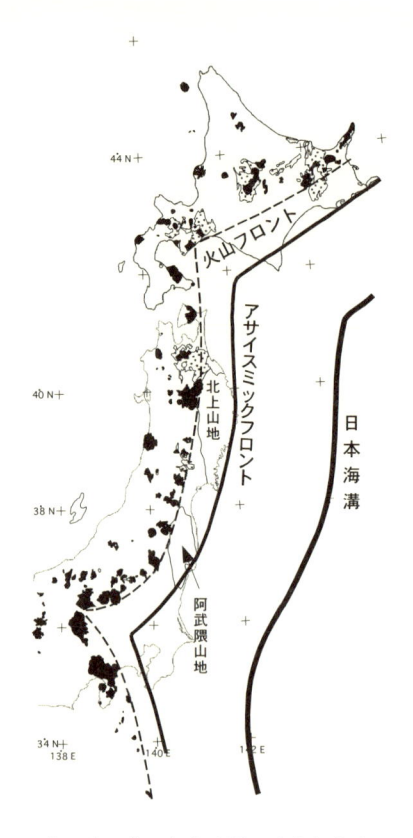

図 8-1 東日本の第四紀火山岩の分布と火山フロント，アサイスミックフロント，海溝の配列
Yanagi (1981) から一部改変．

み込みを示す．アサイスミックフロント（Yoshii, 1972）は地下 40〜60 km で起こる地震がこれを境に海溝側で頻発し，大陸側で起こらないことを示す境界で，平面的には東北日本弧の太平洋岸に沿って北上し，北海道の南で北東に折れ根室半島の太平洋岸に沿って続く（図 8-1）．外弧は火山フロントとアサイスミックフロントの間にある隆起帯である．火山フロントは火山活動の場を海溝に向かって限る境界で，その海洋側に火山はない．

地殻中の地震活動はアサイスミックフロントと海溝との間で著しく，火山

フロントの背後でも盛んだが，外弧では極めて低い水準にある．アサイスミックフロントの日本海側のマントルでは地震波の減衰が著しく速度は遅く，そこは low Q, low V 帯 (Utsu, 1971) と呼ばれてきた．アサイスミックフロントの外側のマントルでは地震波は通常のマントルの速度である．火成活動に関連して地殻熱流量は重要で，火山フロントの背後では 75〜100 mW/m^2 と高く，外弧で急減し，海溝部で 40 mW/m^2 前後と低い（吉井，1986；田中ら，2004）．地震活動や地殻熱流量の場所による違いは恐らくマントルプリズム内の運動状態を反映するものだろう．

8.3. 地形の異なる2種類の島弧

島弧には地形が異なる2群があって，火山弧の発達する千島列島と外弧の発達する琉球列島はその代表的典型である．種子島，奄美大島，沖縄島は外弧にあって，そこには多段階の海成段丘が発達している．町田ら (2001) によると，種子島は全面段丘でおおわれ，最も高い段丘は海抜 250〜260 m にある．また屋久島の 1,700〜1,400 m 以下4つの小起伏面は全て段丘の名残とされている．多段階段丘が北の薩南諸島から沖縄諸島の南端に至る全ての島に見られることは，外弧に属する全ての島が隆起を続けていることの証で，その速度は種子島で年 0.6〜0.9 mm，屋久島で年 0.7〜0.8 mm と見積られている．

外弧の西 60 km に薩摩硫黄島からトカラ列島に連なる火山弧があるが，その規模は千島列島とは大きく違う．前者では島の大きさはたかだか径 8〜12 km しかないのに対して千島列島の国後島の長さは 100 km，択捉島では 200 km に達する．千島列島にも根室半島から色丹島へ至る外弧はあるが，しかし，その北東延長は海底の高まりとなり，さらに東の中央部ではそれもなくなる．両列島の外弧と火山弧それぞれの島の面積比を図 8-2 で見ると，地形的違いがよく分かる．島弧は火山弧と外弧の2列の高まりで構成されるとみられるが，どちらが発達するかはほぼ二者択一的関係にあると見受けられる．目を転じて伊豆・小笠原諸島を眺めてみると，伊豆大島から八丈島に連

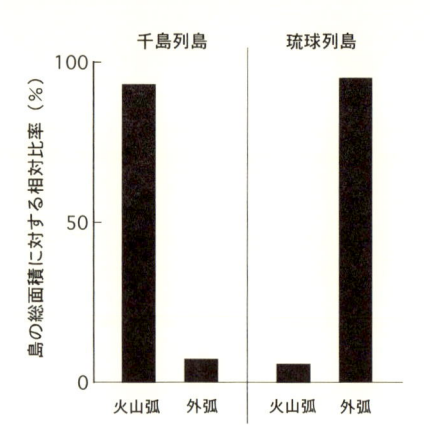

図 8-2 火山弧と外弧のそれぞれに属する島の面積比
Yanagi (1981) から一部改変.

図 8-3 東北日本における中新世火山岩ならびに花崗岩の分布
黒塗りは玄武岩および安山岩，砂目はデイサイトおよび流紋岩質火山岩，十字模様は花崗岩，G は花崗岩の小露出．破線は火山フロント．Yanagi (1981) から一部改変.

なる伊豆諸島は火山弧をなし，対して小笠原諸島は火山弧から約100 km東の外弧にある．伊豆諸島の前に外弧はなく，また小笠原諸島の背後の火山弧の発達は悪い．この例でも火山弧と外弧の発達は二者択一的様相を示している．

マグマの供給がある火山島の成長は理解できるとしても，外弧の島の継続的隆起を理解するのは難しい．いまアイソスタシーが成り立ち，隆起は地殻の厚さが増すためとすると，種子島の250 mの隆起は約1.5 kmの地殻の厚さの増加を意味する．そうであるか否か少し古い時代の島弧の火山弧と外弧の地質を調べると，それから隆起の原因が見えてくる．

中新世は東北日本でも西南日本でも火成活動の著しい時代である．しかし，両地域の火成活動には対照的な違いがある．東北日本では北上，阿武隈両山地の背後の幅約110 kmの地帯で著しい地殻変動と激しい火山活動が起こった（図8-3）．地殻の沈降は中軸部で始まり日本海側へ拡大し，南北に連なる堆積盆ができた．そこに厚い堆積物が堆積すると共に，激しい火山活動が継続した．その後地殻の運動は沈降から隆起に反転し，隆起域は中軸部から日本海側へ拡大した．その時花崗岩が小規模に各地に貫入した．火山活動と隆起はその後も継続し，今日の東北日本の地形ができてきた．

これに対して中新世の西南日本の火山活動は極めて貧弱で，当時の火山フロントを指定することすら難しい．それとは対照的にこの時代に貫入した花崗岩は多く，中には底盤に相当する規模のものがある（図8-4）．大隅半島には花崗岩が堆積岩付加体に貫入し，$43 \times 13 \text{ km}^2$の露出面積の花崗岩底盤を形成した．火山弧と外弧の花崗岩の露出面積比を東北日本と西南日本で比べたのが図8-5である．花崗岩マグマは東北日本では小岩体として火山帯に貫入しているのに対し，西南日本では岩株や底盤として主に外弧に貫入あるいは地表へ溢出（例えば熊野酸性岩類：荒牧，1965）している．この違いは千島列島と琉球列島の地形的違いと共通するところがある．火山弧の発達が良いと外弧の発達は悪く，悪いと良いことは，火山活動が著しい中新世東北日本では花崗岩が火山地帯に，弱い西南日本では外弧に貫入していることに対応しているようにみえる．そうだとすると外弧の隆起を地下で支えるものは花崗

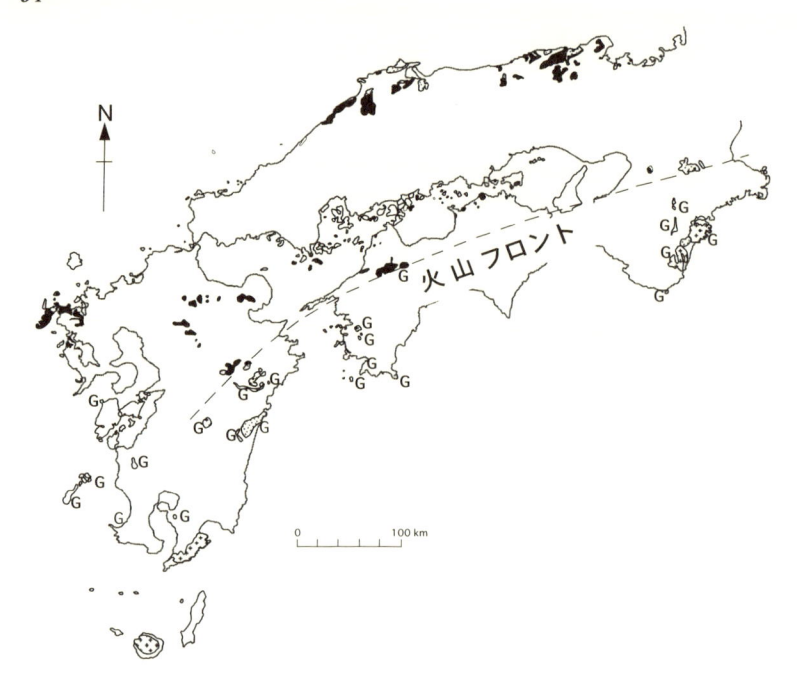

図8-4 西南日本における中新世火山岩ならびに花崗岩の分布

黒塗り,砂目,十字模様,G,破線は図8-3と同じ.Yanagi (1981) から一部改変.

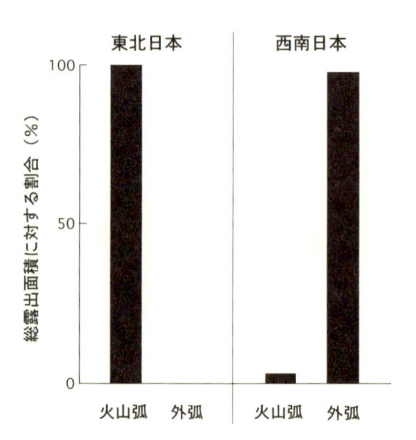

図8-5 中新世東北日本と西南日本のそれぞれの火山弧と外弧に露出する花崗岩の露出面積比

Yanagi (1981) を一部改変.

岩の形成ではないかとの考えが生まれてくる．

8.4. 火山弧のマグマ溜りと外弧のマグマ溜り

ここでは開放系マグマ溜りでの大陸地殻の形成を想定して，火山弧と外弧の成長を考えてみよう．マグマ溜りはマグマの供給と集積岩の搬出を図3-1の対流に負いながらも，位置が固定されていなければならない．固定される場所はマントル表層の流れのパターンと地殻の相互作用で決まるはずである．

まず，アサイスミックフロントに向かう流れの表面の位置から見てみよう．日本列島のマントル表面の温度は高く（900〜1,000℃），はんれい岩質下部地殻の融点はマントルより低いから，マントルと接触する地殻の粘性率はマントル表層より低い．だとすると流れの表面は下部地殻にあるはずである．地温はマントル表面温度から地表面温度まで下がるから，地殻の中で粘性率は急増することになる．地震の震源は地殻の中央部に集中していて25 km以深では少ない．それで流れの表面は下部地殻の低層部にあると推定される．

流れに対する固定の仕方やマグマ供給の方法が異なるいくつかの種類のマグマ溜りがあるはずである．マグマの発生をマントルの湧昇に伴う減圧溶融とするとマグマの供給量が最も多いところは湧昇流の頂部で，湧昇流は弾性的地殻の底にまで達するから，マグマ溜りは弾性的地殻の底が溶けてできることになる．弾性的地殻に食い込んで固定され，そこで上下組になったマグマ溜りへ発展するはずである．その時は弾性的地殻で下位マグマ溜りが流れに対して固定されるが，マグマの供給が少なく，あるいは下部地殻の温度が低く弾性的地殻の底を溶かしてマグマ溜りを作れない場合，マグマは薄く水平に広げられてアサイスミックフロントの背後へ運ばれ，流れが下降し始める時に絞り出されてたまることになる．マグマ溜りができても湧昇域と海溝との間の地殻は圧縮されているから，火山はできにくい．湧昇が続くとマグマの供給は続くから，そこで上部大陸地殻の組成のマグマができることにな

る．この他にもマグマ溜りができるところがある．流れは一様である必要はなく収束して下降流が生じマグマ溜りができることも，また弾性的地殻の底面の凹凸で流れに上下の揺らぎができ，上流側にマグマがたまることもあるはずで，でき方には色々あろうが，その中でも安定でかつ規模の大きいものは湧昇流の直上とアサイスミックフロントの背後に限られる．後述するように前者が火山弧に，後者が外弧に発展するとみられる．

8.5. マグマ溜り形成の二者択一性

湧昇流の直上とアサイスミックフロントの背後でマグマ溜りは安定に機能することが分かった．次にこの2つはお互いにどのような関係にあるかマグマの供給速度との関わりで検討しよう．

マグマが大量に継続的に供給される場合，地殻に働く張力と下部地殻の侵食と溶融で湧昇域をおおう地殻は最初薄くなり地表は沈降し，そこに堆積盆ができることにもなる．マグマは地殻下面の凹部にたまり，それは上下組になったマグマ溜りに発展する．地殻には伸張割れ目ができ，それを通ってマグマが噴出し火山弧が成長する．その間に上位マグマ溜りにデイサイトマグマができると共に先の凹部は集積岩で次第に埋められ，地殻は厚くなり，沈降は隆起に変わり，上位マグマ溜りに花崗岩が固まることになる．このシナリオは中新世東北日本の堆積盆の発達史と一致する．

マグマの供給量が少ない場合，マグマがとどまる環境は湧昇域には現れない．マグマは流れで運ばれアサイスミックフロントの背後に集積することになる．湧昇域にマグマが滞留するわけではないから，火山弧は発達しない．アサイスミックフロントの背後のマグマ溜りは上下組になったマグマ溜りへ発展し，上位マグマ溜りでマグマの進化が進みデイサイトマグマができる．固まれば花崗岩である．マグマの蓄積と集積岩の形成でアサイスミックフロントの背後の地殻は隆起し，外弧ができる．もともと陸域であれば海岸山脈となり，海底であれば島列として現れる．地殻は強い圧縮応力下にあるため，割れ目はできにくく，火山はできにくい．アサイスミックフロント周辺

の岩石は堆積岩付加体であるが，それは長期にわたって加熱され高温低圧型の広域変成岩になる．このシナリオは中新世の西南日本の状況と一致している．それは現在の琉球列島へ連続するから，その外弧の島々の隆起は，今なおマグマの蓄積が継続していることの地形的表れと理解される．

このように火山弧と外弧のどちらが発達するかは，どちらにマグマがたまるかによるもので，その選択はマグマの供給速度に依存し，二者択一的とみられるが，しかし，それにも限りがある．供給速度があまりにも巨大であれば，火山弧の下で補足し尽くすことができず，マグマはアサイスミックフロントへ運ばれることになり，火山弧と外弧が同時に発達することになろう．

アサイスミックフロントの背後のマグマ溜りでのマグマの分化に関して補足が必要である．これまで流れの表面は下部地殻の底層部にあるとしてきた．これは地殻が厚い場合で，地殻が海洋地殻のように薄いと，マントル表面といえども流動できず，流れの表面はマントル表層の中にあることになる．マグマの移動や蓄積はマントル表層中で起こる．その時マグマ組成は周囲のかんらん岩で規制されるが，その組成は既に実験（Kushiro, 1990）で分かっていて，マグマは MgO に富み，無水であれば玄武岩マグマ，水分に富めば安山岩マグマである．そのようなマグマが噴出するのは萌芽期の島弧の外弧で，小笠原諸島などの高マグネシウム安山岩はこのような状況を反映するとみられる．

8.6. 白亜紀の西南日本

最後に白亜紀の西南日本について見てみよう．今から1億2,000万年前から5,000万年前までの間は日本列島の成長史の中で最も火成活動が激しかった時代である．島弧火山からの代表的噴出物は安山岩で，安山岩を主に噴出する火山の分布の海溝側の端を火山フロントと呼んでいる．当時の安山岩の火山活動は北部九州から中国地方にかけて分布する関門層群，あるいはその相当層として記録されている．当時も太平洋側に海溝があったとみられるから，この火山岩層の分布の南東端を当時の火山フロントとすることができ

図 8-6 白亜紀西南日本の火山岩と花崗岩の分布
Yanagi (1981) を一部改変.

る．図8-6にそれを破線で示した．それは北部九州から中国地方の中央を東進し，中部地方に達する．同図にはその他に，阿武層群や濃飛流紋岩などデイサイト質流紋岩の火砕岩層，領家および山陰・山陽の花崗岩，低温高圧型の変成帯を示した．デイサイト質流紋岩の火砕岩を主とする厚い地層は，火山フロントの背後から，それを越えて太平洋側にも分布する．この層を貫いて花崗岩が広くまた大規模に貫入している．花崗岩の貫入は，火砕岩の分布領域に限らず，その北西側にも，また南東側にも及んでいる．分布域の南東側は中央構造線で限られる．配列岩石を列島の北側から中央構造線に向かって見ると，火山フロントを越えて間もなく火砕岩層は急減し，代わって花崗岩が急増する．花崗岩が急増し中央構造線に至るまでの間の地帯はほぼ領家帯に相当する．それは北部九州から中部地方まで連なる花崗岩と高温低圧型の変成岩を主とする地帯である．

　火山フロントと中央構造線とはほぼ平行で，その間の距離は約75kmである．この距離は現在の東北日本の火山フロントとアサイスミックフロントの間の距離に相当する．それで火山フロントを基準に考えると中央構造線は，現在の東北日本のアサイスミックフロントに相当する位置的にある．アサイスミックフロントの背後にマグマ溜りができて，そこにデイサイトマグマができると共に，その周囲の堆積岩付加体が高温低圧型の広域変成岩になると説明した．そうだとすると中央構造線のすぐ内側に帯状に分布する領家帯の花崗岩と変成岩は，白亜紀の外弧の地質を代表することになる．中央構造線は白亜紀のアサイスミックフロントに相当する位置にあり，外弧をその外側の海溝斜面地帯から切り離し，隆起させるために生じた断層と理解される．

　このような地形や地質との対応関係を見てくると図3-1に示す島弧の構造と地殻の下層を含めたマントルプリズムの中の流動モデルは，島弧の発展を理解するに必要な基本モデルと考えられる．また，日本列島とその周辺の弧状列島は発達の色々の段階を代表し，大陸地殻がマントルから分離する仕組みを研究するに最も適したフィールドということができよう．

第9章　月および地球型惑星の地殻

　第7章までの説明で明らかなように条件さえ整えば，大陸地殻は時代にかかわりなくマントルから玄武岩マグマを経て自然に生成する性質のものである．玄武岩溶岩はなにも地球に限られるものではなく，月や他の地球型惑星にも広くあるわけだから，ここでは月や他の地球型惑星に地球と同じ大陸地殻があるか否か検討してみることにしよう．

9.1.　月

　惑星や衛星の地殻について検討する時，それは人が試料を持ち帰り，詳しく調べて得た月の知識に大きく依存するから，まず月についての説明から始めよう．アポロ計画の有人探査機の着陸で得られた知識は，久城ら (1984) に詳しくまとめられている．ここでは主にそれによって説明を進めよう．

　月は地球を回る衛星で，質量は地球の 0.012 倍で小さく，重力も地球の 0.17 倍で小さい．核とマントルと地殻で構成されるが，核はごく小さいらしい．ガス成分は失われ，大気はない．

　月表面は明るく見える高地と暗く見える海からなる．高地は地形的に高くクレーターの多い領域で，主に斜長岩，斜長石に富むはんれい岩からなる．高地の岩石の年代は 45.3〜42.2 億年である．

　誕生直後の月は深さ数百 km のマグマオーシャンに覆われたらしい．斜長岩や斜長石に富むはんれい岩は，その結晶作用の末期に斜長石が浮上してできたとみられている．そうしてできた地殻は高地にあるが，しかし，その高

地はほとんど角礫岩やロゴリス（ソイル）で覆われている．角礫岩は隕石の衝突で破壊された地殻が溶結してできたものである．

海は巨大隕石の衝突でできた直径数百kmにおよぶ円形の盆地である．その底は衝突に続いて噴出した玄武岩溶岩で埋められている．玄武岩は光を反射する能力が低いから海は暗く見える．海の玄武岩は有人探査機の着陸で繰り返し採取された．その年代は38.8億年から30.8億年にわたる．若いから海のクレーター密度は高地に比較して低い．

玄武岩の化学組成は地球のものとは違う．色々相違点のある中で重要な事実は際だってナトリウムに乏しいことである．それは岩石種によらずまた採取地点にもよらず月の岩石に共通する特徴である．月の重力が小さいため，ナトリウムは月誕生時の高温で失われたとみられる．海の玄武岩のナトリウムは，地球の海洋玄武岩の1/5～1/10である．ナトリウムほどではないが，カリウムやルビジウムにも同じ傾向がみられる．そうだとすると水分は分解して，ほとんど失われたはずである．話は変わるが，月の地震動の継続時間は高周波成分を含め非常に長い．地球の地震に比較して信じられないほどである．それは月の岩石が水分を全く含まないためと理解されている．

次に月で発見された花崗岩質岩石について説明しよう．「嵐の大洋」で採取された岩石試料は圧倒的に玄武岩質であったが，その中に1つ奇妙な岩石が含まれていた．白色で，K_2OやTh, Uに富み，カリ長石とシリカ鉱物からなる花崗岩質岩石である．組成は「静の海」の玄武岩のメソスタシスに見いだされる花崗岩質ガラスに似ている．玄武岩マグマの結晶作用の最後にわずかにできるメルトの組成に相当する．しかし，地球の上部大陸地殻を代表するような花崗岩は発見されていない．その理由を考えてみよう．

その第1は水分の欠如である．水分は月誕生の時やマグマオーシャンの時代に失われ，その結果月マントルは完全に無水になったとみられる．第2は玄武岩の金属鉄粒子で示される還元的状態である．そのような環境では，磁鉄鉱はマグマから結晶できない．第3は月に復成火山がないことである．地下に開放系マグマ溜りがあれば，噴火の繰り返しで復成火山ができるから，そのような火山がないことは月で開放系マグマ溜りは作用しなかったことを

意味しよう．このように，Bowen 系列の花崗岩ができる道筋は全く閉ざされている．

9.2. 地球型惑星

9.2.1. 水星

水星は太陽に最も近い惑星である．その質量は地球の 0.055 倍で小さく，重力も地球の 0.38 倍で小さい．そのため大気を欠く．主に鉄からなる核と，それを囲むマントルと地殻から構成されるが，核はマントルに比較して大きく，そのマントルとの質量比は地球の 12 倍ある．表面に大気を欠き，大きな金属鉄の核を抱く水星マントルは，金属鉄が広範囲で珪酸塩鉱物と共存できる還元的状態にあると推定される．核が相対的に大きいわけは，集積の過程で巨大な衝突体の衝突で大量のマントル物質を失ったためらしい．水星では磁場が観測されるから，外殻は液体状態にあるとみられる．

マリーナ 10 号の観測結果に基づくと，クレーターの多い水星表面は月面に似ている．表面には 2 種類の平地があって 1 つはクレーター間を埋める領域で 40 億年より古く，他はその後できた平地である（Condie, 1997）．隕石の衝突に伴ってできた砕屑物の薄層と玄武岩溶岩とがこの平地を覆っているとみられる（Taylor, 1992）が，反射光観測からは水星表面は月の高地と同様に斜長石に富むらしい（Tyler *et al.*, 1988）．Jeanloz *et al.*（1995）はマイクロ波や赤外線の反射から見る水星表面のアルベドは非常に高く，玄武岩溶岩によるものではないと主張している．

わずかではあるが以上のデータから判断すると，水星の地殻は量の多少を問わなければ，玄武岩や斜長岩でできているとみられる．地球の大陸地殻に相当する地殻はないらしい．大陸地殻ができないのは，太陽に近く，質量が小さいため水星は水分を留めることができず，マントルは無水で，月同様に還元的環境にあるとみられるからである．また復成火山も水星には認められない．大陸地殻ができる条件は整っていない．

9.2.2. 金星

金星は水星と地球の間にあって，質量はほぼ地球に匹敵し，重力は地球の 0.91 倍である．地球と同規模の核と，マントルと地殻から構成されるから金星と地球はほぼ同一の総化学組成を持つと推定される．核はあるが，しかし，磁場はない．核が液体状態にあり，内核が欠如しているためとみられる．

金星は厚い大気（95 気圧）に覆われ，その平均表面温度は 737 K で高い（Fegley, 1995）．大気の 96.5 ％が炭酸ガスで，残り 3.5 ％が窒素である（Fegley, 1995）．水蒸気は 0.015～0.02 ％で非常に少ない．当然，海洋はない．もともと水分は大気の上層部で分解し，水素を失うことでほとんど消滅したとみられる．

1990 年 8 月から 1992 年 9 月まで 25ヵ月間にわたってレーダーで観測し続けてきた探査衛星マジェランは，詳しい地形情報を伝えてきた．それによって Ishtar Terra と Aphrodite Terra の 2 つの大陸ならびに幾つかの巨大な火山性台地があることが分かった．大陸はあるが，しかし，金星表面の 10 ％は低地，60 ％は平原で，20 ％が平原と高地の間にあり，残り 10 ％が高地で，地球とは異なる高度分布を持っている．地球は海抜約 200 m と海面下約 4,500 m に峰を持つ双峰頻度分布を示すのに対し，金星は平均高度に最頻値を持つ単峰頻度分布を示す（Pettengill et al., 1980）．これは表層付近の構成と運動が，地球と金星で異なることを端的に示している．地球では表層付近は海洋地殻と大陸地殻と海で構成され，プレートテクトニクスが作用している．金星では高地と低地の地殻に明瞭な違いはなく，また海もなく，マントルの運動はプルームによっている．着陸船ヴェネラの情報によると，表面は岩塊と多孔質土壌からなり，岩石は圧倒的に玄武岩で，カリウムに富むものも乏しいものもあるらしい（McGill et al., 1983）．

もう 1 つ重要な事実がある．月や水星，火星とは違って金星には誕生直後の隕石落下の記録はない（Price and Suppe, 1994）．高地や平地の別なくクレーターは金星の全表面に一様に分布している（Schaber et al., 1992; Strom et al., 1994）．分布密度から求まる年代は 5 億年である．金星表面は 5 億年前，高地や低地の別なく短期間で全て更新されている．その後の火山活動（Price *et al*., 1996) は非常に少なく，クレーター分布密度には影響を与えていない.

　金星には色んな形態の火山があるが，どの形態の火山も金星表面に広く散在している．地球上で見るようにプレート境界に配列したり，ハワイ諸島のように直線状に並ぶこともない．金星表面は 1 枚のプレートでなり，プレートは運動していない．火山活動はプルームによっている（Head *et al*., 1992）．分布にもう 1 つ特徴がある．火山は Atalanta Planitia などの低地にはない．Ishtar Terra などの高地にも非常に少ない．分布は基盤高度に依存し，多くは平均高度ないしその少し下にかけて分布する．火山には多様な形態がある．その中に復成火山は多数確認される．開放系マグマ溜りの存在を示す事実である．しかし，噴出物はほとんど溶岩と見られ，分布域の広い火砕堆積物は確認されていない．流動形態から噴出物は圧倒的に玄武岩質と判断されるが，しかし，それのみではない．SiO_2 に富む岩石存在の証拠が 2 つある．1 つはヴェネラ 8 号が分析したカリウム，ウラン，トリウムに富む岩石で，Nikolayeva（1990）はそれを石英モンゾナイトとしている．他は，Pavri *et al*.（1992）が報告した直径 10〜100 km，高さ 700 m 前後の，周囲が急傾斜の平頂円形ドームである．ドーム端の傾斜から高粘性の溶岩が想定される．ドームは金星表面に広く分布し，145 個確認されている．コロナに伴う場合が多い．コロナはマントルプルームの地表面への反映とみられ，直径 60〜200 km のほぼ円形の火山性平頂ドーム，台地，凹地である．孤立することも複合することも群をなすこともある．Western Eistla Regio，Beta Regio，Atla Regio など火山性台地では，コロナは台地の周辺部にある（Senske *et al*., 1992）.

　さて，地球ではプレートテクトニクスが作用し，変動が今も続いている．金星では 5 億年前に限って地殻変動があったというわけではないはずである．質量が地球に匹敵する金星は，内部の熱を放出するため，表層を全面的に更新するような変動（Turcotte, 1995）を繰り返してきたはずである．その間マントルは脱ガスを続けてきたわけだが，水分は高温の大気にはたまらず，大気上層部で分解し，水素を失うことで失われ続けてきたと考えられる．すなわち金星マントルは次第に無水になってきたはずである．

　地球ではプレートの沈み込みに伴って水分は海からマントルへもどってい

る．そのため海洋リソスフェアの厚さは，含水マントルのソリダスと地熱とが一致する深さで決まり，約 100 km である．金星マントルが無水であれば，地熱がマントルソリダスと一致することはないから，リソスフェアの底を限定する境界はないはずである（Condie, 1997）．他方，地形的高度と重力異常とが正の相関をなすことが観測されている．これは均衡深度が深いことを意味し，リソスフェアが厚いことを示す（Moore and Schubert, 1995；Condie, 1997）．そうだとすると金星マントルはほとんど無水とみられよう．

そのようなマントルからできるマグマはほとんど無水である．そのようなマグマの供給を受けて開放系マグマ溜りが維持されたとしても，溶岩が噴出しては水分の濃縮は起こらない．そのため Bowen 系列のマグマの生成は難しい．他方，金星大気組成から判断して，表層近くで磁鉄鉱がマグマから結晶できる酸化的環境は実現しているとみられる．すなわち条件が整えば Bowen 系列のマグマができる．マグマの噴出が全くなければ，水分はマグマ溜りに次第に蓄積する．蓄積すれば最後には上部大陸地殻相当の組成のマグマができる．マグマの噴出を抑えるため圧縮的状態にある厚い地殻が必要である．地殻の圧縮的環境を支持する構造は確認されているから，大陸地殻の形成は否定できない．しかし，もともとマグマは無水に近いから，それはかなり限定的と考えられる．

この状況は，5 億年前頃あるいはそれ以降の金星についてである．水分は時間をかけて失われたわけだから，若い頃であればマントルは水分を含み，マグマの組成変化は地球の始生代で起きたように Bowen 系列に向かったはずである．地球にできたような大陸地殻は金星でも当然できたと考えられる．その時できた上部地殻が，沈み込みやディラミネーションでマントルへ失われることがなければ，いまの金星地殻に残っているはずである．145 個のドームとどう結びつくかは言えないが，Bowen 系列の SiO_2 に富む岩石があっても不思議ではない．

9.2.3. 火星

火星は地球のすぐ外側の軌道にあって，その質量は地球の 0.10 倍に当た

り，重力は地球の 0.38 倍で小さい．火星は主に鉄からなる核と，それを囲むマントルと地殻から構成される．核はかなりな量の硫黄を含むらしい（松井ら，1997）．核はあるが，しかし，火星の磁場は非常に弱い（Yoder, 1995）．

大気は薄く（0.07 気圧），火星の平均表面温度は 215 K で低い（Fegley, 1995）．大気組成は炭酸ガス 95.32 %，窒素 2.7 %，アルゴン 1.6 %，酸素 0.13 %，水分 0.021 %，一酸化炭素 0.08 %からなる（Fegley, 1995）．わずかに酸素を含み，大気は酸化的である．水分は大気中には少ないが，永久凍土として存在し，両極には直径約 1,000 km，最大の厚さ 3.5 km にも達する氷床がある（Plaut et al., 2007）．融解すると火星を水深 16〜22 m で覆うことができる量である．

火星表面の土壌はバイキングからマーズパスファインダーにいたる探査機で繰り返し分析されてきた．その結果はよく一致していて，土壌が均質であることが分かる．砂嵐のたびに移動し混合しているから，その組成は地表の平均組成を代表するとみなせよう．Rieder et al. (1997) の報告を基に金属酸化物のみで表すと，SiO_2 53.8 ± 1.4 %，Al_2O_3 9.3 ± 0.8 %，TiO_2 1.3 ± 0.2 %，FeO 17.4 ± 1.8 %，MgO 8.3 ± 0.5 %，CaO 7.0 ± 0.6 %，Na_2O 2.5 ± 1.0 %，K_2O 0.3 ± 0.2 %である．玄武岩質安山岩相当で，アルミニウムにやや乏しく鉄に富む．他方，マーズパスファインダーでの岩石塊の分析は，試料を映像で確認しながら行われた．組成は，SiO_2 57.7 %，Al_2O_3 12.3 %，TiO_2 0.5 %，FeO 14.2 %，MgO 0.8 %，CaO 6.7 %，Na_2O 4.2 %，K_2O 1.2 %である（Foley et al., 2003）．溶岩だとすると，Fenner 系列の安山岩に相当する．

この安山岩と火星表面の玄武岩とが混合して土壌ができたとしたら，玄武岩の組成をおおよそ限ることができる．玄武岩の K_2O は無視できるほど少ないとすると，それは SiO_2 を 51.7 %含み，まさに玄武岩である．FeO は 18.6 %，Al_2O_3 は 8.0 %で，鉄に富みアルミニウムに乏しい．この組成は 1 つの目安である．この時，土壌に占める安山岩の混合割合はおよそ 27 %である．安山岩は火星表面のかなりの領域を占めているらしい．面白いことに，この割合は火星表面に占める火山地域の割合に近い．火山地域は限られ

ていて，最大のものは Tharsis Region（火山性台地）で，その面積は $30 \times 10^6 \text{km}^2$，第2のものは Elysium Mons で，その占める面積は Tharsis Region より1桁小さい．この2つで火山地域のほとんどを占めるが，合わせると面積は火星表面の約24％に当たる．Elysium や Tharsis の火山活動が始まる前の火星の地殻はもともと玄武岩質であったわけだから，この一致は必ずしも偶然ではないと思われる．これとは別にマーズグローバルサーベイヤーに搭載された赤外線分光器で地表面の鉱物組成が推定され，南部高地は主に玄武岩から，北部低地は主に安山岩からなると報告されている（Rogers and Christensen, 2003）．いずれも共に安山岩がかなりの割合であることを示している．

さて，火星の歴史を語る時，時代区分があると便利である．最近 Hartmann and Neukum（2001）は，その時代区分をクレーターの分布密度から求まる年代に基づいて，45億年前から35億年前までをノアチアン代，35億年前から33〜29億年前までをヘスペリアン代，33〜29億年前から現在までをアマゾニアン代と提案している．これを用いて地質の概要を説明しよう．

火星表面は大きく見るとクレーターが非常に多い主にノアチアン代の南部高地と，それより若い主にヘスペリアン代の北部平原と，新しい巨大楯状火山が載る Tharsis Region からなる．北部平原は大規模クレーターを覆うヘスペリアン代の溶岩と堆積物から構成され，その基盤は南部高地の地質と同じとみられている（Zuber, 2001）．Tharsis Region は赤道付近にあって，巨大な火山性の台地である．Olympus Mons は Tharsis Region の北西端にあり，太陽系のなかで最大規模の楯状火山（高さ27 km，直径600 km）で頂部に巨大な複合カルデラを持つ．これに次ぐ規模の Arsia Mons, Pavonis Mons, Ascraeus Mons のいずれも Tharsis Region にある巨大な楯状火山である．ヘスペリアン代以降の火星の放熱と，炭酸ガスや水蒸気の放出は圧倒的にここでの火山活動に負ってきたとみられる．Tharsis Region にはクレーター密度が南部高地に匹敵する火山があるから，火山活動はノアチアン代に始まる（38億年：Neukum et al., 2004）とみられる．他方巨大火山のカルデラの中には1億年台の記録があり，最も若い活動は山腹に200万年前のものが認められ

ている（Neukum et al., 2004）．地球のホットスポットに比較し信じられないほど長期間，火山活動が続いてきている．しかし，南部高地を作る火山活動から北部平原を埋める堆積物の堆積まで，火星表面の地質を作る主要な活動は，Tharsis Region の火山活動を除いて，ヘスペリアン代末までに停止している（Neukum and Hiller, 1981; Zuber, 2001）．

　近年高精度の地形と重力測定に基づいて求めた地殻の厚さが報告されている．Zuber（2001）の結果によると，北部平原で薄く南部高地で厚く，地殻の厚さは 30 km から 80 km の間で変動し，平均は 50 km である．

　さて，火星の火山活動は特異的で，ヘスペリアン代以降，多くは Tharsis Region にその位置を固定している．地球ではプレートが水平運動をしているから，ホットスポット上の海洋プレートの上には火山列ができる．その場合，ホットスポットから噴出した火山岩の総量は，火山列に属する島の総体積で表される．天皇海火山列やハワイ諸島はその例である．ハワイのホットスポットから噴出した火山岩の総量は，火星の Olympus Mons の体積におおよそ匹敵しよう．Tharsis Region の東側には台地を西北西に向かって横切る Vallis Marineris がある．それは，東アフリカの大地溝帯によく似た全長 4,000 km に及ぶ峡谷群である．地殻に張力が働いていると推定される．すなわち Tharsis Region における火山活動の環境は，ハワイやアイスランドの環境に類似する．

　ハワイやアイスランドの楯状火山のマグマ溜りは，開放系マグマ溜りである．そこでの分化はデイサイトに相当する組成まで SiO_2 が濃縮することがあるが，分化と同時に FeO/MgO 比が増加するから，火山岩は Fenner 系列に属している．

　火星の大規模復成火山と大量の安山岩質岩石の存在は，開放系マグマ溜りでの結晶分化を指示する事実であるが，マグマが大量に噴出すると，水分の濃縮が抑えられるから，Bowen 系列の安山岩の生成には至らない．そのような状況が Olympus をはじめとする Tharsis region の火山や Elysium Mons に想定されよう．そうだとすると，Bowen 系列のマグマができることが大陸地殻の形成に必要な条件だから，地球の上部大陸地殻の組成に相当するマ

グマの形成は Tharsis Region など火山性台地の下には期待できない．期待できるところはマグマの噴出が極力抑えられたところに限られるが，そのようなところはプルームが主体の地域でどのような地形的形態をなすか例がなく，確認が難しい．

9.3. 比較惑星学

これまでの説明で分かるように，地殻の形成や火山活動に惑星や衛星の質量（惑星質量と記述）に依存した変化が認められる．そのことについて説明しよう．

45 億年前頃にマグマオーシャンからできた一次地殻は月では高地をなしているが，金星や地球にはない．後でできた地殻で置きかえられている．しかし，水星には月同様に，火星には南部高地に今もある．

火山活動にも惑星質量に依存した変化が認められる．月での火山活動は巨大隕石の落下に続いて起きた玄武岩溶岩の流出で代表され，そこに楯状火山や成層火山は認められない．水星でも事情は同じである．しかし，火星の火山活動は違う．誕生後しばらくの間は，月での火山活動と同じ玄武岩溶岩の流出があるが，その後活動様式が転換している．火山地域の数は限られるが，中心噴火の巨大な復成火山が集まり Tharsis Region と呼ばれる火山性台地を作っている．Olympus Mons はその中の 1 つである．そこでの火山活動は今に至るまで 35 億年を超えて続いている．金星では活動が多様になる．550 個の楯状形態の火山地域，274 個の直径 20～100 km の中規模火山，156 個の直径 100 km を超す大規模火山，86 個の直径 60～80 km のカルデラ様構造，175 個のコロナ，259 個のくもの巣状火山体など，まさに多数で多様である (Head *et al.*, 1992)．噴出物の物性と，地殻およびマントルの物的，熱的，構造的多様性を反映しているとみられる．ここでさらに地球についての例をあげる必要もなく火山活動は，月や水星に見られる巨大隕石の落下に続く火山活動から，惑星質量の増加に伴ってプルーム，プレートテクトニクスによる火山活動へ変わっている．後者による火山活動の活動度も惑星質量とともに増

加している．その火山活動の位置には特徴がある．火星では南部高地と北部平原の境界部に巨大な火山性台地 Tharsis Region がある．金星では平原や大陸に火山は非常に少ない．火山の密度は基盤の高度に依存し，ほぼ平均高度付近に火山は集中している．大局的に見ると地球でも島弧火山は圧倒的に大陸と海洋の境界部に位置する．高地と低地の境界部に火山が多く位置することは，惑星質量にかかわりなく共通している．

次に大陸地殻の生成について説明しよう．隕石落下に続く火山活動では開放系マグマ溜りはできない．開放系マグマ溜りが作用している証拠の１つは，復成火山の存在である．それが現れるのは火星からである．火星では，しかし，火山は地溝帯を伴い，マグマ噴出の割合が高いとみられるから，SiO_2 に富むマグマはできても Bowen 系列のマグマはできないとみられる．金星には地溝帯を伴う巨大な楯状火山もあるが，圧縮的環境のところにも復成火山がある．例えば Turcotte（1995）は Aphrodite Terra はアルプスからヒマラヤに至る山脈に似た大陸の衝突帯とみている．その周囲に多数の火山がある．そのようなところではマグマ噴出が抑制され，Bowen 系列のマグマができると思える．5 億年前頃，あるいはそれ以降では金星マントルは無水に近いかもしれないが，誕生後間もない頃のマントルは水分を含んでいて，それから大陸地殻ができたと推定される．地球では 40 億年前から大陸地殻の生成は継続してきている．このように，惑星質量が金星質量以上に達して，大陸地殻の生成は起こると判断される．

この質量依存の違いは放熱様式の違いに対応したマグマ溜り周囲の力学的環境の変化で生じるものである．月や水星は伝導で熱を失っている．火星は伝導とプルームで放熱している．金星では最初プレートの生成と消滅が主体をなすが，マントルが水を失うに伴ってプルーム主体の放熱へ転換したと推定される．リソスフェアの底が深くなるからである．他方地球ではその歴史を通して主にプレートの生成と消滅が放熱を担ってきている．

地球と金星との間にみられる違いは太陽からの距離の違いによる．水分が金星では大気から失われ，地球では海として保存され，火星では永久凍土や氷床として固定されることは，太陽からの距離に依存する変化で，金星は太

陽に近いため水分を失ったが，地球では海を作ったためマントルの水分が確保され，プレートテクトニクスが今日まで作用し続けてきたと考えられる．

引用文献

Anderson, D. L. (1983) Chemical composition of the mantle. *Jour. Geophys. Res.* **88**, B41-B52.
荒牧重雄（1965）熊野酸性火成岩類の噴出様式．地質雑 **71**, 525-540.
荒牧重雄（1980）桜島火山南岳の最近の噴出物の化学組成．第3回桜島火山の集中総合観測，京都大学防災研究所桜島火山観測所，105-109.
Armstrong, R. L., Hein, S. M. (1973) Computer simulation of Pb and Sr isotope evolution of the Earth's crust and upper mantle. *Geochim. Cosmochim. Acta* **37**, 1-18.
Bowring, S. A., Williams, I. S. (1999) Priscoan (4.00-4.03 Ga) orthogenesis from northwest Canada. *Contrib. Miner. Petrol.* **134**, 3-16.
Brown, G. M., Schairer, J. F. (1971) Chemical and melting relations of some calc-alkaline volcanic rocks. *Geol. Soc. Amer. Mem.* **130**, 139-157.
Christensen, N. I., Mooney, W. D. (1995) Seismic velocity structure and composition of the continental crust: A global view. *Jour. Geophys. Res.* **100**, B7, 9761-9788.
Cogley, J. G. (1984) Continental margins and the extent and number of the continents. *Rev. Geophys. Space Phys.* **22**, 101-122.
Condie, K. C. (1993) Chemical composition and evolution of the upper continental crust: Contrasting results from surface samples and shales. *Chemical Geology* **104**, 1-37.
Condie, K. C. (1997) *Plate Tectonics and Crustal Evolution*. Butterworth-Heinemann, Boston, 282p.
Coney, P. J., Jones, D. L., Monger, J. W. H. (1980) Cordilleran suspect terranes. *Nature* **288**, 329-333.
第四期火山カタログ委員会（2002）火山データベース WEB 版（http://www.geo.chs.nihon-u.ac.jp/tchiba/volcano/kaz-table.html）.
Fahrig, W. F., Eade, K. E. (1968) The chemical evolution of the Canadian shield. *Can. Jour. Earth Sci.* **5**, 1247-1252.
Fegley, B. (1995) Properties and composition of the terrestrial oceans and of the atmospheres of the earth and other planets. In: Ahrens, T. J. (ed.), *Global Earth Physics*, Amer. Geophys. Union, 320-345.
Foley, C. N., Economous, T., Clayton, R. N. (2003) Final chemical results from the Mars Pathfinder alpha proton X-ray spectrometer. *Jour. Geophys. Res.* **108**, E12, Rov 37, 1-20.
Fudari, R. F. (1965) Oxygen fugacities of basaltic and andesitic magma. *Geochim.*

Cosmochim. Acta **29**, 1063-1075.

Fujiwara, A. (1988) Tholeiitic and calc-alkaline magma series at Adatara volcano, northeast Japan : Geochemical constraints on their origin. *Lithos* **22**, 135-158.

福山博之・小野晃司（1981）桜島火山地質図. 火山地質図 1　桜島火山, 工業技術院地質調査所.

Gao, S., Luo, T.-C., Zhang, B.-R., Zhang, H.-F., Han, Y. -w., Zhao, Z.-D., Hu, Y.-K. (1998) Chemical composition of the continental crust as revealed by studies in East China. *Geochim. Comochim. Acta* **62**, 1959-1975.

Ghiorso, M. S., Sack, R. O. (1995) Chemical mass transfer in magmatic process IV. A revised and internally consistent thermodynamic model for the interpolation of liquid-solid equilibria in magmatic systems at elevated temperatures and pressures. *Contrib. Mineral. Petrol.* **119**, 197-212.

Green, T. H., Ringwood, A. E. (1968) Genesis of the calc-alkaline igneous rock suite. *Contrib. Mineral. Petrol.* **18**, 105-162.

Hartmann, W. K., Neukum, G. (2001) Cratering chronology and the evolution of Mars. *Space Sci. Rev.* **96**, 165-194.

Hayatsu, K. (1976) Gelogical study of the Myoko volcanoes. Part 1, Stratigraphy. *Mem. Coll. Sci., Kyoto Univ.*, Ser. B **42**, 131p.

早津賢二・清水智・板谷徹丸（1994）妙高火山群の活動史――多世代火山――. 地学雑 **103**, 207-220.

Head, J. W., Crumpler, L. S., Aubele, J. C. (1992) Venus volcanism : Classification of volcanic features and structures, associations, and global distribution from Magellan data. *Jour. Geophys. Res.* **97**, E8, 13153-13197.

Hess, P. C. (1992) Phase equilibria constraints on the origin of ocean floor basalts. In : Morgan, J. P., Blackman, D. K., Sinton, J. M. (eds.), *Mantle Flow and Melt Generation at Mid-Ocean Ridges*, Geophysical Monograph **71**, Amer. Geophys. Union, 67-102.

Hirose, K., Kushiro, I. (1993) Partial melting of dry peridotites at high pressures : Determination of compositions of melts segregated from peridotite using aggregates of diamond. *Earth Planet. Sci. Lett.* **114**, 477-489.

Holbrook, W. S., Lizarralde, D., McGeary, S., Bangs, N., Diebold, J. (1999) Structure and composition of the Aleutian island arc and implications for continental crustal growth. *Geology* **27**, 31-34.

Hurley, P. M., Hughes, H., Faure, G., Fairbairn, H. W., Pinson, W. H. (1962) Radiogenic strontium-87 model of continental formation. *Jour. Geophys. Res.* **67**, 5315-5334.

Hurley, P. M., Rand, J. R. (1969) Pre-drift continental nuclei. *Science* **164**, 1229-1242.

石原和弘・高山鉄朗・田中良和・平林純一（1981）桜島火山の溶岩流（Ⅰ）有史時代の溶岩流の容積. 京大防災研究所年報　**24**, B-1, 1-10.

Ishizaka, K., Yanagi, T. (1975) Occurrence of plagiogranite in the older tectonic zone, southwest Japan. *Earth Planet. Sci. Lett.* **27**, 371-377.

Jeanloz, R., Mitchell, D. L., Sprague, A. L., de Pater, I. (1995) Evidence for a basalt-free surface on Mercury and implications for internal heat. *Science* **268**, 1455-1457.

加茂幸介・石原和弘 (1980) 地盤変動から見た桜島の火山活動. 桜島地域学術調査協議会調査研究報告, 19-28.
Kimura, J. -I., Yoshida, T. (1999) Magma plumbing system beneath Ontake volcano, cental Japan. *Island Arc* **8**, 1-29.
小林哲夫 (2002) 桜島火山の噴火史. 日本火山学会第8回公開講座 (http://hakone.eri.u-tokyo.ac.jp/kazan/jishome/koukai01/kobayashi.html).
Komiya, T., Maruyama, S., Masuda, T., Nohda, S., Okamoto, K. (1999) Plate tectonics at 3.8-3.7 Ga : Field evidence from the Isua accretionary complex, West Greenland. *Jour. Geol.* **107**, 515-554.
Kuno, H. (1959) Origin of Cenozoic petrological provinces of Japan and surrounding areas. *Bull. Volcanol.* Ser. 2, **20**, 37-76.
久野久 (1976) 火山および火山岩. 岩波書店, 東京, 283p.
Kushiro, I. (1968) Compositions of magmas formed by partial zone melting of the Earth's upper mantle. *Jour. Geophys. Res.* **73**, 619-634.
Kushiro, I. (1969) The system forsterite-diopside-silica with and without water at high pressures. *Amer. Jour. Sci.* **267-A** Schairer Volume, 269-294.
Kushiro, I. (1975) On the nature of silicate melt and its significance in magma genesis : Regularities in the shift of the liquidus boundaries involving olivine, pyroxene, and silica minerals. *Amer. Jour. Sci.* **275**, 411-431.
Kushiro, I. (1987) A petrological model of the mantle wedge and lower crust in the Japanese island arcs. In : Maysen, B. O. (ed.), *Magmatic Processes : Physicochemical Principles.* Geochem. Soc. Special Publ. 1, 165-181.
Kushiro, I. (1990) Partial melting of mantle wedge and evolution of island arc crust. *Jour. Geophys. Res.* **95**, 15929-15939.
久城育夫・武田弘・水谷仁 (1984) 月の科学. 岩波書店, 東京, 231p.
町田洋・太田陽子・河名俊男・森脇広・長岡信治 (2001) 日本の地形7, 九州・南西諸島. 東京大学出版会, 東京, 355p.
Masuda, Y., Aoki, K. (1979) Trace element variations in the volcanic rocks from the Nasu Zone, Northeast Japan. *Earth Planet. Sci. Lett.* **44**, 139-149.
松井孝典・永原裕子・藤原顕・渡邊誠一郎・井田茂・阿部豊・中村正人・小松吾郎・山本哲生 (1997) 比較惑星学. 岩波講座地球惑星科学 12. 岩波書店, 東京, 478p.
松井孝典・田近英一・高橋栄一・柳川弘志・阿部豊 (1996) 地球科学入門. 岩波講座地球惑星科学 1. 岩波書店, 東京, 287p.
McDonough, W. F., Sun, S.-s. (1995) The composition of the Earth. *Chemical Geol.* **120**, 223-253.
McGill, G. E., Warner, J. L., Malin, M. C., Arvidson, R. E., Eliason, E., Nozette, S., Reasenberg, R. D. (1983) Topography, surface properties and tectonic evolution of Venus. In : Hunter, D. M., Colin, L., Donahue, T. M., Moroz, V. I. (eds.), *Venus.* Univ. Ariz. Press, Tuscon, 69-130.
Miyashiro, A. (1975) Classification characteristics, and origin of ophiolites. *Jour. Geol.* **83**, 249-281.

Mogi, K. (1958) Relations between the eruptions of various volcanoes and the deformations of the ground surface around them. *Bull. Earthq. Res. Inst.* **36**, 99-134.

More, W. B., Schubert, G. (1995) Lithospheric thickness and mantle /lithosphere density contrast beneath Beta Regio, Venus. *Geophys. Res. Lett.* **22**, 429-432.

Murase, T. (1962) Viscosity and related properties of volcanic rocks at 800 to 1400℃. *Jour. Fac. Sci.*, Hokkaido Univ. Ser. 7, **1**, 487-584.

Murase, T., McBirney, A. R. (1973) Properties of some common igneous rocks and their melts at high temperatures. *Geol. Soc. Amer. Bull.* **84**, 3563-3592.

Nicholls, I. A., Ringwood, A. E. (1973) Effect of water on olivine stability in tholeiites and the production of silica-saturated magmas in the island-arc environment. *Jour. Geol.* **81**, 285-300.

Nikolayeva, O. V. (1990) Geochemistry of the Venera 8 material demonstrates the presence of continental crust on Venus. *Earth Moon Planets* **50/51**, 329-341.

Notsu, K., Kita, I., Yamaguchi, T. (1985) Mantle contamination under Akagi volcano, Japan, as inferred from combined Sr-O isotope relationships. *Geophys. Res. Lett.* **12**, 365-368.

Neukum, G., Hiller, K. (1981) Martian ages. *Jour. Geophys. Res.* **86**, B4, 3097-3121.

Neukum, G., Jaumann, R., Hoffmann, H., Hauber, E., Head, J. W., Basilevsky, A. T., Ivanov, B. A., Werner, S. C., van Gasselt, S., Murray, J. B., McCord, T., The HRSC Co-Investigator Team (2004) Recent and episodic volcanic and glacial activity on Mars revealed by the high resolution stereo-camera. *Nature* **432**, 971-979.

Nutman, A. P., McGregor, V. R., Friend, C. R. L., Bennet, V. C., Kinny, P. D. (1996) The Itsaq Gneiss Complex of southern West Greenland : The world's most extensive record of early crustal evolution (3900-3600Ma). *Precamb. Res.* **78**, 1-39.

Ogata, M. (1993) *Magmatic Differetiation and Growth History of Taradake Volcano, Northwestern Kyushu, Japan.* Ph. D. Thesis, Kyushu University, 140p.

Osborn, E. F. (1959) Role of oxygen pressure in the crystallization and differentiation of basaltic magma. *Amer. Jour. Sci.* **257**, 609-647.

Pavri, B., Head III, J. W., Klose, K. B., Wilson, L. (1992) Steep-sided domes on Venus : Characteristics, geologic setting, and eruption conditions from Magellan data. *Jour. Geophys. Res.* **97**, E8, 13445-13478.

Pettengill, G. H., Campbell, D. B., Masursky, H. (1980) The surface of Venus. *Scient. Amer.* **243**, 54-65.

Plaut, J. J. et al. (2007) Subsurface radar sounding of the south polar layered deposits of Mars. *Science* **316**, 92-94.

Poldervaart, A. (1955) Chemistry of the earth's crust. *Geol. Soc. Am., Spec. Paper* **62**, 119-144.

Price, M. H., Suppe, J. (1994) Mean age of rifting and volcanism on Venus deduced from impact crater densities. *Nature* **372**, 756-759.

Price, M. H., Watson, G., Suppe, J., Brankman, C. (1996) Dating volcanism and rifting on Venus using impact crater densities. *Jour. Geophys. Res.* E2 **101**, 4657-4671.

Raitt, R.W. (1963) The crustal rcks. In : Hill, M. N. (ed.), *The Sea*, 3, Wiley-Interscience, New

York, 85-102.
Rieder, R., Economou, T., Wänke, H., Turkevich, A., Crisp, J., Brückner, J., Dreibus, G., McSween, Jr. H. Y. (1997) The chemical composition of Martian soil and rocks returned by the mobile alpha proton X-ray spectrometer : Preliminary results from the X-ray mode. *Science* **278**, 1771-1775.
Ringwood, A. E. (1991) Phase transformations and their bearing on the constitution and dynamics of the mantle, *Geochim. Cosmochim. Acta* **55**, 2083-2110.
Rogers, D., Christensen, P. R. (2003) Age relationship of basaltic and andesitic compositions on Mars : Analysis of high-resolution TES observations of the northern hemisphere. *Jour. Geophys. Res.* **108**, E4, 11-1-11-17.
Ronov, A. B., Yaroshevsky, A. A. (1969) Chemical composition of the Earth's crust. In : Hart, P. J. (ed.), *The Earth's Crust and Upper Mantle*. Geophysical Mongraph 13, Amer. Geophy. Union, 37-57.
Rudnick, R. L., Fountain, D. M. (1995) Nature and composition of the continental crust : A lower crustal perspective. *Rev. Geophys.* **33**, 267-309.
Sakuyama, M. (1981) Petrological study of the Myoko and Kurohime volcanoes, Japan; Crystallization sequence and evidence for magma mixing. *Jour. Petrol.* **22**, 553-583.
Schaber, G. G. et al. (1992) Geology and Distribution of impact craters on Venus : What are they telling us? *Jour. Geophys. Res.* **97**, 13257-13301.
Senske, D. A., Schaber, G. G., Stofan, E. R. (1992) Regional topographic rises on Venus; Geology of Western Eistla Regio and comparison to Beta Regio and Atla Regio. *Jour. Geophys. Res.* **97**, E8, 13395-13420.
Shaw, D. M., Cramer, J. J., Higgins, M. D., Truscott, M. G. (1986) Composition of the Canadian Precambrian shield and the continental crust of the earth. In : Dawson, J. B., Carswell, D. A., Hall, J., Wedepohl, K. H. (eds.), *The Nature of the Lower Continental Crust*. Geol. Soc. Special Publication **24**, 275-282.
Strom, R. G., Schaber, G. G., Dawson, D. D. (1994) The global resurfacing of Venus. *Jour. Geophys. Res. Planet* **99**, 10899-10926.
Suehiro, K., Takahashi, N., Ariie, Y., Yokoi, Y., Hino, R., Shinohara, M., Kanazawa, T., Hirata, N., Tokuyama, H., Taira, A. (1996) Continental crust, crustal underplating, and low-Q upper mantle beneath an oceanic island arc. *Science* **272**, 390-392.
Sugimoto, T. (1999) *Magmatic Differentiation and Evolution of a Chamber System beneath the Unzen Volcano*. Ph. D. Thesis, Kyushu University, 141p.
Taira, A., Tashiro, M. (1987) Late Paleozoic and Mesozoic accretion tectonics in Japan and eastern Asia. In : Taira, A., Tashiro, M. (eds.), *Hisrtorical Biogeography and Plate Tectonic Evolution of Japan and Eastern Asia,* Terra Sci. Pub. Comp., Tokyo, 1-43.
田中明子・山野誠・矢野雄策・笹田政克（2004）日本列島及びその周辺域の地温勾配及び地殻熱流量データベース．地質ニュース **603**, 42-45.
Taylor, S. R. (1965) The application of trace element data to problems in petrology. In : Ahrens, L. H., Press, F., Runcorn, S. K., Urey, H. C. (eds.), *Physics and Chemistry of the Earth* 6, Pergamon, London, 133-214.

Taylor, S. R. (1992) *Solar System Evolution : A New Perspective.* Cambridge Univ. Press, Cambridge, 307p.

Taylor, S. R., McLennan, S. M. (1985) *The Continental Crust : Its Composition and Evolution.* Blackwell Scientific Pub., Carlton, 312p.

Tilley, C. E., Yoder, H. S. Jr., Schairer, J. F. (1964) New relations on melting of basalts. *Carnegie Inst. Washington Yb.* **63**, 92–97.

Turcotte, D. L. (1995) How does Venus lose heat ? *Jour. Geophys. Res.* **100**, 16931–16940.

Tuttle, O. F., Bowen, N. L. (1958) Origin of granite in the light of experimental studies in the system $NaAlSi_3O_8$-$KAlSi_3O_8$-SiO_2-H_2O. *Geol. Soc. Amer. Mem.* **74**, 153p.

Tyler, A. L., Kozlowski, R. W. H., Lebofsky, L. A. (1988) Determination of rock type on Mercury and the Moon through remote sensing in the thermal infrared. *Geophys. Res. Lett.* **15**, 808–811.

Utsu, T. (1971) Seismological evidence for anomalous structure of island arcs with special reference to the Japanese region. *Rev. Geophys. Space Phys.* **9**, 839–890.

Wager, L. R., Deer, W. A. (1939) Geological investigation in East Greenland : Part III, The petrology of the Skaergaard Intrusion, Kangerdluqssaq, East Greenland. *Meddeleser om Gronland* **105**, 1–352.

Wager, L. R., Brown, G. M. (1967) *Layered Igneous Rocks*, W. H. Freeman, San Francisco, 588p.

Wänke, H., Dreibus, G., Jagoutz, E. (1984) Mantle chemistry and accretion history. In : Kröner, A., Hanson, G. N., Goodwin, A. M. (eds.), *Archean Geochemistry*, Springer-Verlag, Berlin, 1–24.

Wedepohl, K. H. (1995) The composition of the continental crust. *Geochim. Cosmochim. Acta* **59**, 1217–1232.

Wilde, S. A., Valley, J. W., Peck, W. H., Graham, C. M. (2001) Evidence from detrital zircons for the existence of continental crust and oceans on the Earth 4.4 Gyr ago. *Nature* **409**, 175–178.

Yagi, K., Kawano, Y., Aoki, T. (1963) Types of Quaternary volcanic activity in northeast Japan. *Bull. Volcanol.* **26**, 223–235.

Yanagi, T. (1975) Rubidium-strontium model of formation of the continental crust and the granite at the island arc. *Mem. Fac. Sci., Kyushu Univ.* Ser. D **22**, 37–98.

Yanagi, T. (1981) Alternative magmatic process of continental growth in an island arc. *Mem. Fac. Sci., Kyushu Univ.* Ser. D **24**, 189–206.

Yanagi, T., Arikawa, H., Hamamoto, R., Hirano, I. (1988) Petrological implications of strontium isotope compositions of the Kinpo volcanic rocks in Southwest Japan : Ascent of the magma chamber by assimilating the lower crust, *Geochem. Jour.* **22**, 237–248.

Yanagi, T., Ichimaru, Y., Hirahara, S. (1991) Petrochemical evidence for coupled magma chambers beneath the Sakurajima volcano, Kyushu, Japan, *Geochem. Jour.* **25**, 17–30.

Yanagi, T., Ishizaka, K. (1978) Batch fractionation model for the evolution of volcanic rocks in an island arc : An example from central Japan. *Earth Planet. Sci. Lett.,* **40**, 252–262.

Yanagi, T., Yamashita, K. (1994) Genesis of continental crust under island arc conditions. *Lithos* **33**, 209-223.

Yoder, C. F. (1995) Astrometric and geodetic properties of earth and the solar system, In : Ahrens, T. J. (ed.), *Global Earth Physics*, Amer. Geophys. Union, 1-31.

Yoder, H. S. Jr., Tilley, C. E. (1962) Origin of basalt magmas : An experimental study of natural and synthetic rock systems. *Jour. Petrol.* **3**, 342-532.

Yoshii, T. (1972) Features of the upper mantle around Japan as inferred from gravity anomalies. *Jour. Phys. Earth* **20**, 23-34.

吉井敏尅 (1986) 日本列島付近の基礎的な地球物理データ. 平朝彦・中村一明編 日本列島の形成. 岩波書店, 東京, 102-107.

Young, D. A. (1998) *N. L. Bowen and crystallization-differentiation-The Evolution of a Theory*. MSA's Monograph Ser. Pub. 4, Mineral. Soc. Amer., 276p.

Zhao, D., Horiuchi, S., Hasegawa, A. (1992) Seismic velocity structure of the crust beneath the Japan Islands, *Tectonophysics* **212**, 289-301.

Zuber, M. T. (2001) The crust and mantle of Mars. *Nature* **412**, 220-227.

あとがき

　紹介した内容は 1971 年頃から 2004 年まで九州大学で進めてきた大陸地殻の形成に関する研究をまとめたものである．この間多くの方々に協力と援助を頂いた．特に石坂恭一氏とは妙高火山群の火山岩の分化機構の構築に共に苦心した．その火山岩試料と噴出順序は早津賢二氏に提供頂いた．これで具体的立証への道が開けた．記載できなかったが，一般化に際しては多数の文献資料を参照した．諏訪兼位氏からはアフリカ大陸の調査を通して始生代，原生代の大陸地殻について紹介頂くと共に原稿作成に際し多大な援助を頂いた．この研究は岩石講座の多数の学生諸君および浜本礼子，中田節也，西山忠男，池田剛，宮本知治各氏の協力があって漸くこの水準まで到達することができた．また，九州大学出版会の尾石理恵氏からは出版にあたり多岐にわたってご支援をいただいた．さらに，妻みさおの持続的協力と理解があってここまで進めてくることができた．記して感謝する．

著者略歴

柳　　哮（やなぎ　たける）

1940年　福岡県に生まれる
1964年　九州大学理学部地質学科卒業
1965年　九州大学理学部助手
1981年　九州大学理学部助教授
1988年　九州大学理学部教授
2004年　九州大学名誉教授　現在に至る
　　　　理学博士．専門は岩石学，同位体地球化学
　　　　特にマグマの分化機構と大陸地殻の起源について専門
　　　　的に研究

島弧火山と大陸地殻（とうこかざん　たいりくちかく）

2008年9月15日　初版発行

著　者　柳　　哮
発行者　五十川　直行
発行所　（財）九州大学出版会
　　　　〒812-0053 福岡市東区箱崎 7-1-146
　　　　　　　　　　九州大学構内
　　　　電話　092-641-0515（直通）
　　　　振替　01710-6-3677
　　　　印刷・製本　九州電算㈱・大同印刷㈱

Ⓒ 2008 Printed in Japan　　　　　　ISBN978-4-87378-979-8

雲仙火山災害における防災対策と復興対策
―火山工学の確立を目指して―
高橋和雄 著　　　　　　　　　Ａ５判・608頁・7,800円

〈KUARO叢書2〉
中国大陸の火山・地熱・温泉
―フィールド調査から見た自然の一断面―
江原幸雄 編著　　　　　　　　新書判・204頁・1,000円

九州大学学術情報リポジトリで公開中
Unzen Volcano ―the 1990-1992 Eruption―
柳　哮・岡田博有・太田一也 編　Ｂ５判・150頁〔品　切〕

> 九州大学学術情報リポジトリ（QIR）は，九州大学の教育研究の成果である，学術雑誌掲載論文，プレプリント，紀要論文，学位論文，会議報告書，科研費報告書，テクニカルレポート，学会発表スライド，教材など，さまざまなコンテンツをオンラインで収集・発信するシステムです．Unzen Volcanoについては URL：http://hdl.handle.net/2324/9836 でご覧いただけます．

（表示価格は本体価格）　　　　　　　　　九州大学出版会